基础力学实验（第二版）

JICHU LIXUE SHIYAN

主　编　邢怀念

副主编　李　达　李书卉

参　编　刘增利　金立强

　　　　孙　凯　陈晓东

大连理工大学出版社

图书在版编目(CIP)数据

基础力学实验 / 邢怀念主编. -- 2 版. -- 大连：
大连理工大学出版社，2021.8(2025.3 重印)
ISBN 978-7-5685-3123-8

Ⅰ.①基⋯ Ⅱ.①邢⋯ Ⅲ.①力学－实验－教材
Ⅳ.①O3-33

中国版本图书馆 CIP 数据核字(2021)第 150297 号

大连理工大学出版社出版

地址:大连市软件园路 80 号　邮政编码:116023
营销中心:0411-84707410　84708842　邮购及零售:0411-84706041
E-mail:dutp@dutp.cn　URL:http://dutp.dlut.edu.cn
大连朕鑫印刷物资有限公司印刷　大连理工大学出版社发行

幅面尺寸:185mm×260mm　印张:12.5　字数:287 千字
2017 年 8 月第 1 版　2021 年 8 月第 2 版
2025 年 3 月第 5 次印刷

责任编辑:王晓历　　　　　　　　责任校对:陈稳旭
封面设计:张　莹

ISBN 978-7-5685-3123-8　　　　　定　价:33.80 元

本书如有印装质量问题,请与我社营销中心联系更换。

前　言

　　力学,作为自然科学中最古老的学科之一,千百年来,一直促进着人类社会的发展与进步,改变着人们的日常生活。伟大的思想家卡尔·马克思曾经说过:力学是大工业的真正科学基础。著名的科学家钱学森也曾说过:不可能设想不要现代力学就能实现现代化。

　　力学,作为一门有着很强实际应用背景的基础学科,是工科教学中必不可少的内容。对力学知识的掌握程度将直接影响工科学生的未来职业发展,尤其是与力学学科紧密相关的专业,如机械、动力、土木、材料、汽车、航空航天、船舶等专业。钱学森在《我对今日力学的认识》一文中提到,今日力学是一门用计算机计算去回答一切宏观的实际科学技术问题的学科,计算方法非常重要,另一个辅助手段是巧妙设计实验。

　　力学的发展历程是一个分析、实验、再分析、再实验的循环过程。实验在力学发展中的地位是极其重要且不可替代的。力学实验教学自然成为不可或缺的环节。力学实验教学有助于培养学生学习力学的兴趣,有助于加深学生对力学理论的理解,有助于提升学生掌握先进实验方法的能力,有助于培养学生动手解决实际问题的能力,有助于增强学生的创新意识。

　　本教材安排50项实验项目,包括理论力学实验项目23项、材料力学实验项目25项及断裂力学实验项目2项。其内容由浅入深设置,基础型教学案例、拓展型教学案例、工程型教学案例、设计型教学案例和研究型教学案例依次铺展开。本教材从优化学生的知识结构、能力与素质的角度,将力学的基本概念、实验方法、工程实践与研究创新有机地融合在一起,增强了实验教学的知识性、实用性与趣味性。

新世纪

本教材结合现行的力学实验相关国家标准编写,内容凝聚了大连理工大学基础力学实验教学示范中心多年的实验教学改革探索心得,汇集了基础力学实验教学示范中心建设的一系列成果,具有一定的推广与参考价值。本教材可以作为高等院校本科生的力学实验教材,也可以作为与力学实验相关的工程技术人员的参考用书。

本教材由大连理工大学邢怀念任主编,大连理工大学李达、李书卉任副主编,大连理工大学刘增利、金立强、孙凯、陈晓东参与了编写。具体编写分工如下:邢怀念编写了第1章,第2章,第3章第2、3、4节,第5章第1、3、4节,第6章,第7章第1、5节,第8章第2、3、4、5节,第9章,第10章,第11章第2、3节,第12章第2、3节,第13章,第14章第2、3、5节,第15章第1、2、3、5、6节;李达编写了第7章第6、7、8节,第12章第1节,第14章第1节;李书卉编写了第7章第9、10、11节,第15章第4节;刘增利编写了第3章第1节,第5章第2节,第8章第1节;金立强编写了第4章,第14章第4节;孙凯编写了第7章第2、3、4节,第11章第1节;陈晓东编写了第7章第12、13节。全书由邢怀念统稿并定稿,大连理工大学张小鹏对书稿进行了审阅,并提出了许多宝贵建议,在此仅致谢忱。

在编写本教材的过程中,编者参考、引用和改编了国内外出版物中的相关资料以及网络资源,在此表示深深的谢意!相关著作权人看到本教材后,请与出版社联系,出版社将按照相关法律的规定支付稿酬。

尽管我们在教材特色的建设方面做了许多努力,但由于编者水平有限,教材中难免存在疏漏和不妥之处,恳请教学单位和读者多提宝贵意见,以便下次修订时改进。

编 者

2021 年 8 月

所有意见和建议请发往:dutpbk@163.com

欢迎访问高教数字化服务平台:http://hep.dutpbook.com

联系电话:0411-84708445　84708462

目　录

第1章

力学实验基础

1.1 常用实验数据处理方法

实验数据及处理方法是进行实验结果分析的依据。

列表法、作图法、逐差法和回归分析法是最常用的实验数据处理方法。

一、列表法

列表法是指"运用列出表格来寻找思路、分析思考、解决问题的方法"。将获得数据列成表,这样有助于找到相关量之间的关系,进而得到经验关系式。列表时首先要写出表的名称。表中要注明符号代表的量的含义,同时要注明单位。需要注意的是,单位以及量值的数量级要写在符号的标题栏中,不能重复地写在各个数值上。

要根据具体情况来决定需要列出的项目。原始数据、计算过程的中间结果、最后结果皆可列入表中。需要注意的是,表中数据要能正确地反映测量结果的有效数字。

列表法应用举例见表 1-1。

表 1-1
测量结果记录表

编号	测量内容	测量结果		
		1	2	3
1	试样质量/g	403	399	402
2	试样长度/mm	18.3	18.2	18.4
3	试样宽度/mm	6.2	6.1	6.2
4	试样厚度/mm	3.0	3.1	3.0
5	抗拉强度/(N/mm^2)	313	318	320

二、作图法

作图法是指"将两列数据之间的关系用图线表示出来"。

作图法能比较直观地揭示出物理量之间的联系。作图要用到坐标纸。确定作图的参量后,根据实际需要选用坐标纸(如:直角坐标纸、极坐标纸等)。要综合参考测量值的有效数字等因素来确定坐标轴的比例及范围。通常以坐标纸中小格对应可靠数字最后一位的一个单位。当然对应比例也可放大,但不管怎么处理,对应比例的选择必须有利于标注实验点及读数。做出的图线要大体上充满全图,达到布局合理、美观的效果。

作图时,通常以自变量为横轴,以因变量为纵轴,以粗实线描绘坐标轴,同时标明物理量(或符号)及单位,坐标轴上每隔一定距离要注明物理量的数值。

实验数据点一般用"·""×""○""△"等符号标注。把实验点连接成图线时,图线不一定要通过所有实验点,因为实验数据会存在测量误差。一般是按总趋势把实验点连成光滑的曲线,大多数实验点落在图线上或均匀分布在图线两侧,这相当于在数据处理中取均值。对个别偏离图线较远的点,要核查其合理性。

作完图线后,图线的显著位置上要标注图名、作者、日期及简单的说明,如实验条件等。

若物理量间的关系是线性的,或实验数据点都在某一直线附近时,可连成一直线。直角坐标系下可设直线方程为 $y=kx+b$。若求直线的截距 b、斜率 k 等,可在直线上选两点 $A(x_1,y_1)$ 和 $B(x_2,y_2)$。为减小误差,在实验范围内 A、B 两点相隔要尽量远,且 A、B 两点一般不取实验数据点。用与表示实验数据点不同的符号将 A、B 两点在直线上标出,在其旁边注明坐标值。将 A、B 两点的坐标值代入直线方程,可解得 k 和 b。

三、逐差法

逐差法一般用于等间隔线性变化测量中所得数据的处理。根据误差理论,算术均值是量的近似值。采用多次测量的方式可减少随机误差。

在等间隔的线性变化的测量中,若采用一般的均值法,则只有首次测量值与末次测量值会起作用,中间测量值会全部抵消,这样就无法反映出多次测量的特点。

例题:初始长度为 x_0 的某一弹簧,在其下端逐次加挂质量为 m 的砝码,总共加 7 次,测出对应的长度分别为 x_1、x_2、$\cdots$、x_7,根据测量数据求出施加单位砝码时弹簧对应的伸长量 Δx。

一般均值法的做法如式(1-1)所示。

$$\Delta x=\frac{1}{7m}\left[(x_1-x_0)+(x_2-x_1)+\cdots+(x_7-x_6)\right]=\frac{1}{7m}(x_7-x_0) \tag{1-1}$$

从上式可以看出,中间测量数据全部抵消,最终仅使用了首尾两个测量数据,大量的测量信息将不能反映出来,这是不合理的。

若将测量数据按顺序分成 x_0、x_1、x_2、x_3 和 x_4、x_5、x_6、x_7 两组,并按照式(1-2)所示进行计算,则最终结果使用了全部测量数据的信息,这样就反映出多次测量对减少误差的作用。

$$\Delta x=\frac{1}{4}\left[\frac{(x_4-x_0)}{4m}+\frac{(x_5-x_1)}{4m}+\frac{(x_6-x_2)}{4m}+\frac{(x_7-x_3)}{4m}\right]$$
$$=\frac{1}{16m}\left[(x_4+x_5+x_6+x_7)-(x_0+x_1+x_2+x_3)\right] \tag{1-2}$$

四、回归分析法

变量之间的关系可分为确定性关系(称为函数关系)与不确定性关系两类。在不确定性关系中,至少有一个随机变量。随机变量与其他变量之间的关系称为相关关系。而寻找相关关系的过程称为相关分析(也称为回归分析)。

相关关系虽然是不确定的,但是往往会表现出一定的规律。散点图是寻找规律的常用方法之一。尽管变量之间的相关关系并非都是函数关系,但仍然可借助函数关系来表达其规律性,这样的函数称为回归函数。若回归函数为线性函数,则变量间关系为线性相关关系;若回归函数为非线性函数,则变量间关系为非线性相关关系。两变量间的相关关系即为一元回归分析;多变量间的相关关系即为多元回归分析。

1. 一元线性回归分析

若自变量为 x,因变量为 y,则一元线性回归分析的数学模型为

$$y = \alpha + \beta x + \varepsilon \tag{1-3}$$

式中,y 为关于 x 的直线回归方程;α 与 β 为待定的回归系数;ε 为服从正态分布的误差,表征的是 x 以外其他随机因素对 y 的影响总和。若 x 为一般变量,y 为服从正态分布的随机变量,获得 n 组测量值:(x_1, y_1)、(x_2, y_2)、$\cdots$、(x_n, y_n)。则

$$y_k = \alpha + \beta x_k + \varepsilon_k \quad (k = 1, 2, 3, \cdots, n) \tag{1-4}$$

依据 y 与 x 的测量值来确定回归系数 α 与 β。若 a、b 分别为 α 与 β 的估计值,据最小二乘法原理,需满足测量数据点距离估计直线纵坐标的偏差平方和最小。令 $\hat{y}_i = a + bx_i$,则 $\sum_{i=1}^{n}(y_i - \hat{y}_i)^2 = \sum_{i=1}^{n}(y_i - a - bx_i)^2$ 取最小值。即需要对 a、b 求一阶偏导数,并使其等于零。则

$$a = \bar{y} - b\bar{x} \tag{1-5}$$

$$b = \frac{\sum_{i=1}^{n}(x_i - \bar{x})(y_i - \bar{y})}{\sum_{i=1}^{n}(x_i - \bar{x})^2} \tag{1-6}$$

式中,$(\bar{x}, \bar{y})$ 为测量数据点的均值。若 $\hat{y}_i = a + bx_i$ 为估计回归直线,其必通过 $(\bar{x}, \bar{y})$。

令

$$L_{xx} = \sum_{i=1}^{n}(x_i - \bar{x})^2 = \sum_{i=1}^{n}x_i^2 - \frac{1}{n}\left(\sum_{i=1}^{n}x_i\right)^2 \tag{1-7}$$

$$L_{xy} = \sum_{i=1}^{n}(x_i - \bar{x})(y_i - \bar{y}) = \sum_{i=1}^{n}x_i y_i - \frac{1}{n}\sum_{i=1}^{n}x_i \sum_{i=1}^{n}y_i \tag{1-8}$$

则

$$b = \frac{L_{xy}}{L_{xx}} \tag{1-9}$$

L_{xx} 为 x 的偏差平方和,L_{xy} 为 x 与 y 的偏差乘积和。

获得一元回归函数后,还需对其是否符合线性关系进行验证,即验证 β 是否为零。若 β 为零,则线性关系不存在;若 β 不为零,则线性关系存在。

一般用相关系数 r 来检验线性相关关系。

$$r = \frac{L_{xy}}{\sqrt{L_{xx}L_{yy}}} \tag{1-10}$$

式中,L_{yy} 为 y 的偏差平方和。

$$L_{yy} = \sum_{i=1}^{n}(y_i - \bar{y})^2 = \sum_{i=1}^{n}y_i^2 - \frac{1}{n}\left(\sum_{i=1}^{n}y_i\right)^2 \tag{1-11}$$

相关系数 r 是根据样本值计算出来的,所以其为总体相关系数的估计值。

若 x 与 y 之间完全不存在线性相关关系,则 $r=0$。如图 1-1(a)和图 1-1(b)所示。

若所有测量数据点落在一条直线上,此时 x 与 y 之间存在完全的线性相关关系,如图 1-1(c)和图 1-1(d)所示。

若 x 与 y 之间的线性相关关系在中间,则 $|r|<1$。如图 1-1(e)和图 1-1(f)所示。

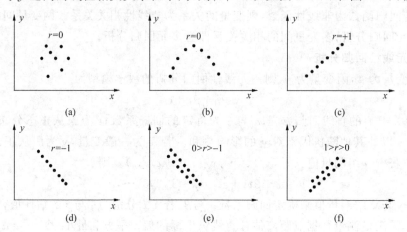

图 1-1　线性相关系数示意图

$|r|$ 等于多少就可认为存在线性相关关系呢? 对给定置信度 α 与自由度 $f=n-2$,可在表 1-2 中查到相关系数临界值 r_0。

表 1-2　　相关系数临界值

f	α		f	α		f	α	
	0.05	0.01		0.05	0.01		0.05	0.01
1	0.997	1.000	15	0.482	0.606	29	0.355	0.456
2	0.950	0.990	16	0.468	0.590	30	0.349	0.449
3	0.878	0.959	17	0.456	0.575	31	0.325	0.418
4	0.811	0.917	18	0.444	0.561	32	0.304	0.393
5	0.754	0.874	19	0.433	0.549	33	0.288	0.372
6	0.707	0.834	20	0.423	0.537	34	0.273	0.354
7	0.666	0.798	21	0.413	0.526	35	0.250	0.325
8	0.632	0.765	22	0.404	0.515	36	0.232	0.302
9	0.602	0.735	23	0.396	0.505	37	0.217	0.283
10	0.576	0.708	24	0.388	0.496	38	0.205	0.267
11	0.553	0.684	25	0.381	0.487	39	0.195	0.254
12	0.532	0.661	26	0.374	0.478	40	0.159	0.208
13	0.514	0.641	27	0.367	0.470	41	0.138	0.181
14	0.497	0.623	28	0.361	0.463	42	0.113	0.148

若 $|r|>r_0$,则 x 与 y 间可认为存在线性相关关系;若 $|r|>r_{0.05}$,可认为线性相关关系是显著的;若 $|r|>r_{0.01}$,可认为线性相关关系是高度显著的;若 $|r|<r_0$,可认为不存在线性相关关系。

需要注意的是,线性相关关系显著仅仅是表明可用直线方程来表示变量间的相关关系,但并不能说明变量间就一定存在因果关系。

若测量数据点的个数 $n>10$,可据 $|r|$ 的大小来确定线性相关的程度,分为四级。一级:线性相关性很好,$|r|>0.95$;二级:线性相关性好,$|r|=0.90\sim0.95$;三级:线性相关性一般,$|r|=0.80\sim0.90$;四级:线性相关性不好,$|r|<0.80$。

借助回归方程获得的因变量 $\hat{y}_i$ 与实测值 y_i 之间存在误差 δ_i。

$$\delta_i = y_i - \hat{y}_i \tag{1-12}$$

2. 非线性回归分析

非线性回归分析一般是要转化为线性回归分析来处理。首先需要明确的是变量间的关系函数类型,可借助散点图与函数图形的比对来确定。函数类型确定后,对变量进行适当变换,将非线性回归分析转化成线性回归分析进行。

例:幂函数

$$y = cx^b \tag{1-13}$$

对其两边取对数,则

$$\log y = \log c + b\log x \tag{1-14}$$

其图形在 $(\log x, \log y)$ 坐标系上呈线性。

例:指数函数

$$y = ce^{bx} \tag{1-15}$$

对其两边取自然对数,则

$$\ln y = \ln c + bx \tag{1-16}$$

其图形在 $(x, \ln y)$ 坐标系上呈线性。

需要注意的是,把非线性回归分析转化成线性回归分析时,$|r|$ 很小,仅能表明 x 与 y 之间的线性关系是不密切的,但并不能表明其非线性关系是不密切的。

可直接采用测量数据与回归曲线上的相应估计值来计算相关指标 R^2。

$$R^2 = \frac{\sum_{i=1}^{n}(y_i - \hat{y}_i)^2}{\sum_{i=1}^{n}(y_i - \bar{y})^2} \tag{1-17}$$

R^2 越接近 1,拟合效果越好。

尤其要注意的是,回归函数的使用范围不能随意地扩大,也就是说回归曲线不能随意延长使用。

1.2 数值修约规则

一、有效数字

没有误差的数称为精确数。精确数属于真值,其表示方式有整数、小数、分数、无理数等。

包含误差的数称为近似数。若无理数要取有限的位数来计算,则无理数就变成了近似数。在测量领域,计数测量的测量结果为精确数,除此之外的测量结果都是近似数。

采用近似数表示量值时,要求"近似值修约误差限的绝对值不超过末位的单位量值的一半"。该数值从其首个不是零的数字起到最末一位数之间的全部数字称为有效数字。例如,3.141 5 的修约误差限为±0.000 05。

用数字表示测量结果时,若干位的可靠数字加一位可疑的数字便可组成有效数字。估计数字与可靠数字的位数之和就是测量读数的有效数字位数。工程上通常取 3~4 位有效数字。

在近似数中,从左算起的第一个非零数字就是首位有效数字。首位有效数字与末位数字之间的所有数字都要记为有效位数,不论数字是否为零。例如,0.002 002 0 有五位有效数字。

二、数值修约

数值修约的定义:通过省略原数值的最后若干位数字,调整所保留的末位数字,使得最后所得到的值最接近于原数值的过程。修约后的结果称为修约值。

进行数值修约前,首先要确定修约间隔(修约值的最小数值单位)。修约值是修约间隔的整数倍。

1. 修约间隔的确定

测量领域一般是按照十进位进行计数的,因此修约间隔为 10^n,n 为整数。

2. 进舍规则

若拟舍弃数字的最左边位数字小于 5,则舍去,保留其余各位数字不变。

若拟舍弃数字的最左边位数字大于 5,则进 1,保留数字的末位数字加 1。

若拟舍弃数字的最左边位数字是 5,且其后有非零数字,则进 1,保留数字的末位数字加 1。

若拟舍弃数字的最左边位数字是 5,且其后皆为零或无数字,当所保留的末位数字为奇数(1,3,5,7,9)时,则进 1,保留数字的末位数字加 1;当为偶数(2,4,6,8,0)时,则舍弃。

负数修约时,先将其绝对值按上述规则修约,然后再在修约值前加负号。

例:把 1 269 修约到百数位,得 $13×10^2$,也可写成 1 300。

例:把 10.500 2 修约到个数位,得 11。

例:把 4 500 修约到千数位,得到 4 000;把 3 500 修约到千数位,得 4 000。

例:把 2.050 修约到一位小数,得到 2.0;把 0.55 修约到一位小数,得 0.6。

例:把−335 修约到十数位,得到−340;把−305 修约到十数位,得−300。

3. 不允许连续修约

在确定修约间隔后,拟修约数字要一次修约到位,不允许多次连续修约。

例:把 15.454 6 修约到 1。正确做法:15.454 6→15;错误做法:15.454 6→15.455→15.46→15.5→16。

4. 非 10^n 间隔修约

非 10^n 间隔修约通常是变换为 10^n 间隔修约进行。下面以 0.5 单位修约为例说明如下。

0.5 单位修约:按指定修约间隔对拟修约值的 0.5 单位进行修约。具体做法:将拟修约值 X 除以 0.5,得到 $2X$,对 $2X$ 依前面规则修约,得到 $2X$ 修约值,再乘以 0.5。

例:把 60.25 修约到个数位的 0.5 单位。令 $X=60.25,2X=120.50,2X$ 修约至个数位得到 120,则 X 修约值为 $120\times0.5=60.0$。

例:把 -60.75 修约到个数位的 0.5 单位。令 $X=-60.75,2X=-121.50,2X$ 修约至个数位得到 -122,则 X 修约值为 $-122\times0.5=-61.0$。

5. 运算过程中数字位数的选择

加减运算:有效数字以小数点位数最少的为准。若多取一位有效数字,可延缓误差的迅速积累。

乘除运算:有效数字以最少有效数字位数为准,其余数字多取一位,计算结果的保留位数要与有效数字最少的相同或多一位。

混合运算:中间运算的数字要比单一运算的数字多保留一位。

若不少于四个数进行平均运算,则平均数的有效位数增加一位。

数的平方或开方的结果要与原数相同或多保留一位。

计算器或电子计算机运算过程不需要处理,但最终结果要按数值修约规则处理。

上述数值修约规则引起的误差不会超过保留数字最末位的半个单位,舍入误差可作为随机误差处理。大量运算的舍入误差均值趋于零。

例:$603.21\times0.32\div4.011$,以 0.32 为准,其余各数均凑成三位有效数字。即 $603\times0.32\div4.01=48.1$。

例:$60.4+2.04+0.222+0.046\,7$,以 60.4 为准。其余各数均凑成小数点后两位相加。即 $60.4+2.04+0.22+0.05=62.71$。

1.3　测量误差的处理

一、测量误差

测量误差的定义为"测得的量值减去参考量值"。能否获得测量误差依赖于参考量值。若参考量值已知,测量误差可得;若参考量值未知,测量误差不可得。所以测量误差仅仅属于概念性术语。

测量误差的估计值是指测得量值偏离参考量值的程度,可用绝对误差或相对误差来表示。所谓相对误差是指绝对误差与被测量值之比。可用百分数、指数幂(例如,2% 或 1×10^{-6})或带相对单位的比值(例如,$0.3\ \mu V/V$)来表示。要注意误差值的符号,若测量值大于参考值其值为正,反之为负。

借助于测量误差的估计值可以得到测量结果的修正值。要注意,测量过程中的错误(称为"粗大误差"或"过失误差")不属于测量误差的范畴。

测量误差按其性质可分为系统误差和随机误差两大类。

系统误差是指"在重复测量中保持不变或按可预见方式变化的测量误差的分量"。对系统误差进行修正的常用方式:在测得值上加一个修正值、在测得值上乘一个修正因子、从修正值表上查到修正值、从修正曲线上查到修正值。

随机误差是指"在重复测量中按不可预见方式变化的测量误差的分量"。随机误差的参考值通常是取其期望值(无穷多次重复测得的平均值)。

从理论上讲,随机误差等于测量误差减去系统误差。实际上,无法进行这种运算。

二、随机误差的处理

从理论上讲,需要进行无穷多次重复测量才可以得到随机误差的值。而实际上无法进行无穷多次重复测量,因此无法得到随机误差。随机误差反映的是测量的重复性。

测量重复性一般用实验标准差来表征。依据有限次重复测量的数据获得的标准差的估计值称为实验标准差,通常用符号 s 来表示。实验标准差表征的是测得值的分散性。

下面介绍一下实验标准差的常用估计方法。

相同条件下,对被测量 x 作 n 次重复的测量,每次的测得值用 x_i 表示,则实验标准差的估计方法有如下几种。

方法一:贝塞尔公式法

将有限次的、独立的、重复测量的测得值代入下式得到估计的标准差。

$$s(x) = \sqrt{\frac{\sum_{i=1}^{n}(x_i - \bar{x})^2}{n-1}} \tag{1-18}$$

式中, $\bar{x} = \frac{1}{n}\sum_{i=1}^{n}x_i$,为 n 次测量的算术均值; $n-1$ 为自由度; $s(x)$ 为测得值 x 的实验标准差。

方法二:极差法

从有限次的、独立的、重复测量的测得值中找出最小值 x_{min} 和最大值 x_{max} ,即可得到极差 $R = x_{max} - x_{min}$,根据测量次数 n 查表 1-3 获得 C 值,代入下式得到估计的标准差。

$$s(x) = \frac{x_{max} - x_{min}}{C} \tag{1-19}$$

式中, C 为极差系数; $s(x)$ 为测得值 x 的实验标准差。

表 1-3 极差系数 C 及自由度 ν

n	2	3	4	5	6	7	8	9
C	1.13	1.69	2.06	2.33	2.53	2.70	2.85	2.97
ν	0.9	1.8	2.7	3.6	4.5	5.3	6.0	6.8

方法三:较差法

从有限次的、独立的、重复测量的测得值中,把每次测得值与后一次测得值进行比较,获得差值,代入下式得到估计的标准差。

$$s(x) = \sqrt{\frac{(x_2 - x_1)^2 + (x_3 - x_2)^2 + (x_4 - x_3)^2 + \cdots + (x_n - x_{n-1})^2}{2(n-1)}} \tag{1-20}$$

式中, $s(x)$ 为测得值 x 的实验标准差。

前面提到的三种方法中,贝塞尔公式法属于最基本的方法,但其适合于测量次数较多的情况,因为 n 很小时其估计的不确定度较大。极差法使用方便,但当测量数据的概率分布严重偏离正态分布时,要以贝塞尔公式法的结果为准。极差法适用于测量次数较少的场合。较差法则适用于随机过程的方差分析(例如,天文观测或频率稳定度测量等)。

若单次测得值的实验标准差是 $s(x)$,则算术均值的实验标准差 $s(\bar{x})$ 为

$$s(\bar{x}) = \frac{s(x)}{\sqrt{n}} \tag{1-21}$$

上式表明,多次重复测量的算术均值的实验标准差是单次测得值实验标准差的 $1/\sqrt{n}$ 倍(n 为测量次数)。当重复性比较差时,可以增加测量次数,取其算术均值作为测量结果,就可以减小测量的随机误差。但随着测量重复次数的增加,算术均值的实验标准差减小程度会减弱,同时时间、人力和仪器磨损等问题会增加,因此一般取 $3 \leqslant n \leqslant 20$。

由于算术均值是数学期望的最佳估计值,因此通常用算术均值作为测量结果。

三、测量异常值的判别

异常值(又称为离群值)是指"在对一个被测量重复观测所获得的若干观测结果中,出现了与其他值偏离较远且不符合统计规律的个别值,其可能来自不同的总体,或属于意外的、偶然的测量错误"。

造成异常值的原因有很多,包括振动、电源变化、冲击、电磁干扰等意外条件变化,也包括仪器内部的偶发故障、人为的读数错误或记录错误等。

物理辨别法和统计辨别法是最常用的异常值辨别法。

在测量的过程中,已知原因(读错、记错、突然振动、仪器突然跳动等情况)造成的异常值要随时发现随时剔除,此为物理辨别法。而对那些仅是怀疑却不能明确判定哪个是异常值的情况,要借助统计辨别法。最常用的异常值统计辨别法是格拉布斯准则。

若有一组重复测量结果 x_i,其残差 v_i 的绝对值 $|v_i|$ 最大者为可疑值 x_d,在给定的包含概率为 $p = 0.99$ 或 $p = 0.95$ 时,即显著性水平 $\alpha = 1 - p = 0.01$ 或 0.05 时,如果满足式(1-22),则可判定 x_d 为异常值。

$$\frac{|x_d - \bar{x}|}{s} > G(\alpha, n) \tag{1-22}$$

式中,$G(\alpha, n)$ 是格拉布斯准则的临界值,见表 1-4。显著性水平是指把不可疑数据错判为可疑数据而被剔除的概率。

表 1-4　　　　　　　　　　格拉布斯准则的临界值 $G(\alpha, n)$

n	α		n	α		n	α	
	0.01	0.05		0.01	0.05		0.01	0.05
3	1.155	1.153	12	2.550	2.285	21	2.912	2.580
4	1.492	1.463	13	2.607	2.331	22	2.939	2.603
5	1.749	1.672	14	2.659	2.371	23	2.963	2.624
6	1.944	1.822	15	2.705	2.409	24	2.987	2.644
7	2.097	1.938	16	2.747	2.443	25	3.009	2.663

（续表）

n	α		n	α		n	α	
	0.01	0.05		0.01	0.05		0.01	0.05
8	2.221	2.032	17	2.785	2.475	30	3.103	2.745
9	2.323	2.110	18	2.821	2.504	35	3.178	2.811
10	2.410	2.176	19	2.854	2.532	40	3.240	2.866
11	2.485	2.234	20	2.884	2.557	50	3.336	2.956

剔除可疑数据时，优先选取测量结果中的最大值或最小值进行有效性判断。一次只能剔除一个可疑数据。第二次剔除时，要对剩余的测量结果重新进行计算，做第二次有效性判断，逐个剔除，直到不再有可疑数据为止。不能一次同时剔除两个或多个测量值。

四、测量仪器误差的表示

最大允许误差（又称为允许误差限）是指由给定测量仪器的规程或规范所允许的示值误差的极限值，是生产厂家规定的测量仪器的技术指标。

最大允许误差可用相对误差、绝对误差、引用误差或其组合形式来表示。

绝对误差是测量值与真值的差。

相对误差是绝对误差与相应示值之比的百分数。用相对误差表示最大允许误差，可实现在全测量范围内用一个误差限来表示其技术指标。

引用误差是绝对误差与特定值（又称为引用值）之比的百分数。通常以仪器测量范围的上限值（满刻度值）或量程值为特定值。

例如：某电子万能试验机的准确度级别为 1 级，则表明其用相对误差表示的最大允许误差为 1%。

第 2 章

电测法基本原理

力学测量本质上是对力的作用效果的测量。力的宏观作用效果有两类:形变、运动状态改变。因此,力学测量实际上就是对形变或运动状态改变的测量,通过对形变或运动状态改变的测量来推定要测量的力学量。

人们很早就发现,金属导线的电阻会受到其所处的温度、负荷、压力等环境条件的影响,会受到其所发生的伸缩变形的影响。1856 年,Load Kelvin 利用导线电阻的影响特性来测量铺设在大西洋海底的电缆的深度,这可以看作电测法的开端。1937 年,美国加州理工学院的 E. E. Simmons、麻省理工学院的 A. C. Ruge 进行了借助细金属电阻丝测量变形的尝试,这开创了电阻应变测量法的工程应用先例。随后,电测法得到了广泛的发展。

当前,电测法是最常用的力学测量方法之一。所谓电测法,就是采用电学量来测量力学量的方法。在电测法中,常用的电学量有电阻、电压、电流、电容、电感等。不同的电学量依据其自身特点适用于不同的测量场合。例如,电容或电感应变计的稳定性好,但尺寸较大;压电式传感器的输出灵敏度高,但仅适合用于动态测量。

在实际工程的力学测量中,应用最广泛的是电阻应变测量法。电阻应变测量法是利用电阻的变化量来衡量应变量。

电阻应变测量法采用的传感元件是电阻应变计(因为呈片状,通常称为电阻应变片)。

电阻应变测量法具有许多优点:电阻应变计量程较大,可达 2%;电阻应变计质量小,对构件应力状态的影响可近似忽略;电阻应变计尺寸小,栅长最小可达 0.2 mm,适用于应变梯度较大的场合;频率响应好,测量范围可达数十万赫兹;灵敏度高,分辨力可达 10^{-6};易于实现自动化、数字化采集与处理;适用环境广,适用于高温、高速、高磁等环境。

电阻应变测量法也有缺点:只能测量构件表面的局部平均应变。

2.1 电阻应变计

一、构造

电阻应变计一般由敏感格栅、引线、基片、覆盖层等构成。常见电阻应变计构造如图 2-1 所示。

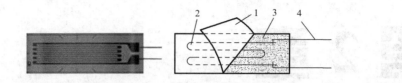

图 2-1 常见电阻应变计构造
1—覆盖层；2—敏感格栅；3—基片；4—引线

敏感格栅通常是用金属或半导体材料制成，主要作用是把应变量转换为电阻变化量，其形状与尺寸对电阻应变计的性能有直接的影响。敏感格栅的标称尺寸一般用长度与宽度来表示。栅长为纵轴方向长度，常用栅长为 $0.2\sim100.0$ mm，引线直径为 $0.15\sim0.30$ mm。敏感格栅固定于基片的上表面，基片的下表面则用于与被测构件的表面黏结。用覆盖层对敏感格栅进行封装保护。覆盖层与基片通常是用绝缘材料制成的。基片泄漏电阻的数量级约为 $1\,000$ MΩ。

二、工作原理

电阻应变计的工作原理为压阻效应。

导线电阻 R 的计算公式为

$$R=\rho\frac{L}{A} \tag{2-1}$$

式中，L 为导线长度，ρ 为导线电阻率，A 为导线横截面积。

对式（2-1）的两边微分，可得

$$\frac{\mathrm{d}R}{R}=\frac{\mathrm{d}\rho}{\rho}+\frac{\mathrm{d}L}{L}-2\frac{\mathrm{d}D}{D} \tag{2-2}$$

式中，导线横截面积 $A=CD^2$；C 为常数（边长为 D 的正方形截面，$C=1$；直径为 D 的圆截面，$C=\pi/4$）。

令轴向应变 $\varepsilon=\dfrac{\mathrm{d}L}{L}$，横向应变 $\varepsilon_1=\dfrac{\mathrm{d}D}{D}$，则泊松比 $\mu=-\dfrac{\mathrm{d}D/D}{\mathrm{d}L/L}$。

$$K_s=\frac{\mathrm{d}R/R}{\mathrm{d}L/L}=1+2\mu+\frac{\mathrm{d}\rho/\rho}{\mathrm{d}L/L}=\frac{\mathrm{d}R/R}{\varepsilon} \tag{2-3}$$

式中，K_s 为电阻应变计的轴向灵敏系数。

若电阻率 ρ 为恒定常数，则 $K_s=1+2\mu$。一般电阻应变计的轴向灵敏系数在拉压状态下是相同的。

表 2-1 列举了部分材料的电阻应变计灵敏系数。

表 2-1　　　　　　　　　　　　部分材料的电阻应变计灵敏系数

应变计材料	成分/%	应变计灵敏系数	备注
康铜	57 铜；43 铬	2	灵敏系数在很宽的应变范围内为常数；在 250 ℃以下使用
镍铬合金	80 镍；20 铬	2	电阻温度系数高

（续表）

应变计材料	成分/%	应变计灵敏系数	备注
等弹性合金	36镍；8铬；0.5钼；55.5铁	3.5	常用于动态应变测量
铂合金	95铂；5铱	5.1	用于550 ℃以上的高温
镍	100镍	−12	—
半导体	—	−140～175	不适用于大应变测量

三、分 类

按敏感格栅材料划分，电阻应变计分为金属电阻应变计与半导体电阻应变计。

按敏感格栅形状划分，分为丝式应变计、箔式应变计与薄膜应变计。

丝式应变计用0.01～0.05 mm的镍铬合金或镍合金丝制成，有丝绕式与短接式两种。丝绕式横向效应大，测量精度低；短接式横向应变小，疲劳寿命低。

箔式应变计的厚度在0.002～0.005 mm，经刻图、制版、光刻、腐蚀等工艺制成，横向效应小，疲劳寿命长，蠕变小，测量精度高，可用来制作小标距的电阻应变计。

薄膜应变计是用真空蒸馏、沉积或溅射方式制成的具有一定形状的金属材料薄膜，可用于高温环境下的测量。

按敏感格栅结构形状划分，电阻应变计分为单轴应变计、双轴应变计与应变花等。应变花有三角形、直角形、T形、直角T形等样式。

按连接方式划分，电阻应变计分为非粘贴型与粘贴型应变计。非粘贴型应变计一般采用2～20圈、直径约为0.025 mm的高抗拉力电阻丝作为敏感格栅，用绝缘销钉固定；通常作为力传感器或加速度传感器的敏感元件，而不用于应变测量。粘贴型应变计是粘贴在被测试样上，并与试样的粘贴部位同步变形。

按工作环境温度划分，电阻应变计分为常温应变计、中温应变计、高温应变计与低温应变计。常温范围为−30～+60 ℃，中温范围为+60～+350 ℃，高温范围为高于+350 ℃，低温范围为低于−30 ℃。

四、选 择

电阻应变计的选择要综合考虑应变性质及梯度、工作环境、测量精度等因素。

影响静态测量结果的主要因素是温度。通常采用温度补偿的办法来消除温度的影响。

对动态测量，首先考虑因素是电阻应变计的频率响应、疲劳寿命等。

对工作环境而言，首先考虑温度与湿度的影响。湿度会降低绝缘电阻与黏结强度，所以在潮湿环境下使用电阻应变计时要采取适当的防潮措施。若工作环境存在强磁场的作用，则应选择磁致伸缩效应小的电阻应变计。

对应力均布的构件，要选择尺寸较大的电阻应变计，这样可以提高测量的精度；若应变梯度较大，则应选择尺寸较小的电阻应变计。

五、常温电阻应变计的安装与防护

第一步是检查电阻应变计的外观与阻值。外观检查包括：破损情况、锈蚀情况、连接牢靠情况等。借助万用表来检查阻值，检查是否存在断路或短路，同时要对电阻应变计按其阻值大小进行分组，这样做的目的是确保进行温度补偿时每组电阻应变计的阻值相差不超过 $0.1\ \Omega$。

第二步是对构件表面的预粘贴部位进行适当的处理，去除油污、涂料、锈蚀等。对金属构件，首先用砂布轮打磨，然后用浸有无水酒精或丙酮的脱脂棉擦洗，直至棉球不见污迹为止。

第三步是粘贴电阻应变计。常用黏结剂有 502 胶水、环氧树脂、酚醛树脂等。先在构件表面标注定位的基准线，在电阻应变计基底（基片底面）上涂黏结剂，立刻放到要粘贴部位（注意摆放方向），用塑料薄膜盖在电阻应变计上，用手指柔和地滚压，挤出电阻应变计基底与构件表面间的气泡和多余的胶水。若采用 502 胶水，则需在 $0.15\ kg/cm^2$ 的静压下保持至少一分钟，直至基底与构件表面连接牢靠为止，揭掉塑料薄膜。用酚醛树脂粘贴胶木基底的电阻应变计时，需在 $1.8\ kg/cm^2$ 的压力下固化 24 h。环氧树脂可用来粘贴塑料基底的电阻应变计。

第四步是连线和固定。黏结剂固化后，用锡焊将电阻应变计的引线与外接导线连接起来。一般要设置一接线端子来保证连接的稳定可靠，引线与接线端子连接，接线端子与外接导线连接。连接时要避免虚焊，可通过万用表测阻值的方式检查，若存在虚焊，则阻值会不稳；也可通过测量电路的零漂来检查，若存在虚焊，则测量电路平衡后的零点不稳定。焊好外接导线后，一般用胶带等对外接导线进行固定处理。

第五步是防护。对那些需要长时间测量或在湿度较大环境下测量的电阻应变计，尤其要注意封装防护处理。一般采用硅橡胶密封。

中温应变计、高温应变计和低温应变计在安装时要采用特殊的黏结剂和安装工艺。

六、特性参数

按工作特性参数来划分，电阻应变计可分为 A、B、C 三个质量等级。

电阻应变计的工作特性参数包括阻值、灵敏系数、机械滞后、应变极限、横向灵敏系数、疲劳寿命等。

阻值：电阻应变计的阻值范围为 $60\sim5\ 000\ \Omega$，$120\ \Omega$ 为标准阻值。工程上一般选用 $120\ \Omega$，也会用到 $350\ \Omega$、$500\ \Omega$ 等。电阻应变计阻值要与电阻应变计的路桥设计阻值相匹配。阻值越高，测量的灵敏度与温度稳定性就越好。

灵敏系数：敏感格栅灵敏系数是决定电阻应变计灵敏系数的主要因素。基底、黏结剂特性与厚度等属于次要因素。金属电阻应变计的灵敏系数范围一般为 $1.80\sim2.50$。灵敏系数的标定通常在纯弯曲梁试样上进行。在梁的上、下表面各粘贴电阻应变计，电阻应变计轴线与梁的轴线保持一致，用挠度仪测出纯弯曲梁的挠度，利用材料力学公式算出纯弯曲梁上、下表面的应变，用惠斯通电桥测出电阻应变计的电阻变化，代入本章前面提到的灵敏系数定义公式即可得出灵敏系数。

零漂:在恒温、无机械应变的条件下,安装在构件上的电阻应变计的指示应变随时间的延长而逐渐变化的现象称为零漂。零漂反映的是电阻应变计的时间特性,通常长时测量会出现。敏感格栅通电后的温度效应、电阻应变计制作与安装过程中的内应力、黏结剂固化不充分等都会导致零漂现象。

应变极限:恒温下对装有电阻应变计的构件加载,当电阻应变计的指示应变与构件的实际机械应变相差达到10%时,该机械应变即为电阻应变计的应变极限。室温下A级电阻应变计的应变极限为 10 000 $\mu\varepsilon$。

横向灵敏系数:由于少量的栅丝垂直于电阻应变计轴向,所以会出现垂直于轴线方向的应变,进而产生电阻应变计的横向灵敏系数。横向灵敏系数约为纵向灵敏系数的 2%。丝绕式应变计的横向灵敏系数最大,箔式应变计的横向灵敏系数次之,短接式应变计的横向灵敏系数最小。

2.2 电阻应变仪

电阻应变仪是能够将电阻变化转换为易识别的电信号并指示应变值的装置。

电阻应变计完成了应变信号到电阻信号的转换,电阻应变仪则完成了电阻信号到应变读数的转换。

一、分类

电阻应变仪分为静态与动态两类。

静态电阻应变仪:由测量电路、测量通道切换网络、模拟放大电路、A/D转换电路、数据显示系统等组成。其工作频率较低,自动扫描时通常每秒能扫描 5～10 个通道。进行多点测量时,多采用公共温度补偿接线的方式。公共温度补偿时,工作用电阻应变计逐次交替通过电流,补偿用电阻应变计则连续通过电流,长时工作易导致公共温度补偿用电阻应变计的温度升高,这样会引起虚假应变。因此,1个公共温度补偿用电阻应变计最多补偿 10 个工作用电阻应变计。

动态电阻应变仪:由测量电路、电源、直流放大电路、校准电路、调零电路、输出驱动电路、滤波电路、数据传输存储模块、A/D转换电路、采集分析软件等组成,具有频率响应好,温度漂移小,噪声电压小,零漂小,稳定性好等优点。不能采用公共补偿接线法,要采用单点温度补偿接线法。

二、惠斯通电桥

电阻应变仪的核心部件是测量电路,测量电路有电势回路与电桥回路两类。

电势回路主要测量电阻应变计两端电位因电阻改变而产生的改变量。其缺点是电位改变与电阻改变成非线性关系,现在已很少使用。

现在普遍采用电桥回路。一般采用直流惠斯通电桥来测量电阻增量,如图 2-2 所示。惠斯通电桥是英国发明家克里斯蒂于 1833 年发明的。英国物理学家惠斯通首先用它来精确测量电阻,故习惯称为惠斯通电桥。

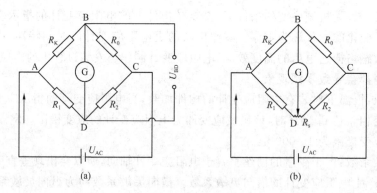

图 2-2 惠斯通电桥

图 2-2(a)中，R_1、R_2、R_0、R_K 为四个电阻，连成一四边形。若电桥平衡，即电桥 B、D 两端电位相等，则满足 $\dfrac{R_0}{R_2} = \dfrac{R_K}{R_1}$。

电桥的输出因负载阻抗的不同分为两种形式：一种是电压桥，另一种是功率桥。

若负载阻抗远大于电桥输出阻抗，则可近似认为负载阻抗为无穷大，即 B、D 端为开路，为电压输出，此为电压桥。

若负载阻抗与电桥输出阻抗相近，则 B、D 端输出电流，此时在 B、D 间连接一检流计。当负载检流计内阻与电桥输出阻抗相匹配时，检流计得到最大功率，此为功率桥。

在相同条件下，电压桥比功率桥输出电压大一倍。如果需要得到较大的输出电压，选择电压桥比选择功率桥好。对于功率桥，当负载阻抗与电桥输出阻抗相等时得到最大输出功率，当两者不相等时，输出功率将会产生变化，所以桥臂电阻的大小对输出功率有较大影响。对于电压桥，负载阻抗远大于电桥输出功率阻抗，输出功率仅与桥臂电阻变化率有关，桥臂电阻的大小对输出功率有较小影响。

若惠斯通电桥的初始状态为平衡状态，此时让各个桥臂的电阻发生变化，则电桥 B、D 两端的电位会不相等。若 R_1、R_2、R_0、R_K 的电阻变化量分别为 ΔR_1、ΔR_2、ΔR_0、ΔR_K，则电桥 B、D 两端的输出电压 U_{BD} 为

$$U_{BD} = \frac{(R_K + \Delta R_K)(R_2 + \Delta R_2) - (R_0 + \Delta R_0)(R_1 + \Delta R_1)}{(R_K + \Delta R_K + R_0 + \Delta R_0)(R_1 + \Delta R_1 + R_2 + \Delta R_2)} U_{AC} \tag{2-4}$$

把 $\dfrac{R_0}{R_2} = \dfrac{R_K}{R_1}$ 代入式(2-4)。若 $\Delta R \ll R$，可略去高阶微分量，则

$$U_{BD} = \frac{R_K R_0}{(R_K + R_0)^2} \left(\frac{\Delta R_K}{R_K} - \frac{\Delta R_0}{R_0} - \frac{\Delta R_1}{R_1} + \frac{\Delta R_2}{R_2} \right) U_{AC} \tag{2-5}$$

三、等臂惠斯通电桥

四个桥臂的电阻值全相等的惠斯通电桥称为等臂惠斯通电桥，即 $R_K = R_1 = R_2 = R_0 = R$。此时，式(2-5)可简化为

$$U_{BD} = \frac{U_{AC}}{4} \left(\frac{\Delta R_K}{R_K} - \frac{\Delta R_0}{R_0} - \frac{\Delta R_1}{R_1} + \frac{\Delta R_2}{R_2} \right) \tag{2-6}$$

若 R_1、R_2、R_0 为固定电阻，则

$$U_{BD}=\frac{U_{AC}}{4}\cdot\frac{\Delta R_K}{R_K}\qquad(2\text{-}7)$$

若 R_K 为电阻应变计且发生应变 ε，即产生电阻增量 ΔR_K，则电桥失去平衡。检流计会有电流通过，如图 2-2(b)所示。采用零读数法，在 D 端设置一可调滑线电阻 R_s，调整滑线电阻 R_s 的位置，使得电桥重新获得平衡，则可推导出滑线电阻改变量 ΔR_s 与 ΔR_K 成一定的关系。即 ΔR_s 可与应变 ε 联系起来，将 ΔR_s 的调节旋钮读数直接刻成应变读数 ε_d，它与电阻改变率 $\Delta R_K/R_K$ 成正比例关系。其比例系数与电阻应变仪上的灵敏系数 $K_仪$ 有关，即 $\Delta R_K/R_K=K_仪\varepsilon_d$。

由前面提到的电阻应变计的原理可知，$\Delta R_K/R_K=K_s\varepsilon$。若 $K_s=K_仪$，则电阻应变计的真实应变 $\varepsilon=\varepsilon_d$，此时电阻应变仪读数 ε_d 即电阻应变计的真实应变 ε。

若四个桥臂为相同的电阻应变计，且电阻应变计的灵敏系数为 K_s，则 $\frac{\Delta R}{R}=K_s\varepsilon$。$\varepsilon$ 是单个电阻应变计的实际应变。式(2-6)变为

$$U_{BD}=\frac{U_{AC}K_s}{4}(\varepsilon_K-\varepsilon_0-\varepsilon_1+\varepsilon_2)\qquad(2\text{-}8)$$

四、惠斯通电桥的工作特性

电阻应变仪的读数 ε_d 为读数应变。若令读数应变 $\varepsilon_d=\varepsilon_K-\varepsilon_0-\varepsilon_1+\varepsilon_2$，则式(2-8)可写为

$$U_{BD}=\frac{U_{AC}}{4}K_s\varepsilon_d\qquad(2\text{-}9)$$

从式(2-8)可得到惠斯通电桥的工作特性：相邻桥臂应变代数值相减，相对桥臂应变代数值相加，即加减特性。

2.3　路桥连接方式及应用

一、温度补偿用电阻应变计

电阻应变计借助敏感格栅的变形来感应构件的变形。只有当敏感格栅的变形与构件的实际变形完全一致时，电阻应变计的测量结果才是客观准确的。实际上，敏感格栅的变形不仅仅是构件变形，还包括其所处温度场的变化引起的变形等。所处温度场的变化会导致测量值失真。因此，要采取必要措施消除温度场变化对测量值的影响。这就要用到温度补偿用电阻应变计。

温度补偿用电阻应变计要满足的条件如下：温度补偿用电阻应变计与工作用电阻应变计完全相同；温度补偿用电阻应变计所粘贴的构件不受力，且温度补偿用电阻应变计所粘贴的构件材料与工作用电阻应变计所粘贴的构件材料相同；温度补偿用电阻应变计与工作用电阻应变计处在相同的温度场内，即两者感受的温度变化相同。

温度补偿用电阻应变计的工作机理为惠斯通电桥的加减特性。在图 2-2 中，若 R_K 为

工作用电阻应变计，R_0 为温度补偿用电阻应变计，R_1、R_2 为固定电阻，则 R_K 感受的应变为构件变形应变 ε 与温度变化引起的应变 ε_t 之和。R_0 感受到的应变为温度变化应变 ε_t'。若工作用电阻应变计与温度补偿用电阻应变计为同一种电阻应变计且感受温度变化相同，即 $\varepsilon_t' = \varepsilon_t$。此时，电阻应变仪的读数应变 $\varepsilon_d = \varepsilon + \varepsilon_t - \varepsilon_t' = \varepsilon$，读数应变 ε_d 将不会体现出温度变化的影响。

二、路桥连接方式

按照电阻应变计接入惠斯通电桥的方式来划分，路桥连接方式分为四分之一桥连接方式、半桥连接方式（二分之一桥连接方式）、全桥连接方式、串并联连接方式等。以图 2-2 为例说明如下：

四分之一桥连接方式：若温度恒定，R_K 为工作用电阻应变计，R_1、R_2、R_0 为固定电阻；若温度变化，R_K 为工作用电阻应变计，R_1、R_2 为固定电阻，R_0 为温度补偿用电阻应变计。

半桥连接方式：R_K、R_0 为工作用电阻应变计，R_1、R_2 为固定电阻。若温度变化且两工作用电阻应变计处于同一温度场内，其可以进行自动温度补偿。半桥连接方式比四分之一桥连接方式的测量灵敏度要高。

全桥连接方式：R_1、R_2、R_0、R_K 都是工作用电阻应变计。同半桥连接方式一样，其可以进行自动温度补偿，且可以提高测量灵敏度。

串联连接方式：R_K 位置为 n 个工作用电阻应变计串接在一起。R_K 桥臂感受应变为 n 个电阻应变计感受应变的算术平均值。该方式测得的是应变均值特性，不会增加应变读数，也不提高测量灵敏度，但可以提高供桥电压。工程上有时在对称位置布置电阻应变计来消除偏心对测量值的影响，利用的就是此特性。

并联连接方式：R_K 位置为 n 个工作用电阻应变计并联接在一起。R_K 桥臂感受的应变为 n 个电阻应变计感受应变的算术平均值。该方式不会增加应变读数，也不会提高测量灵敏度，但可让电流输出提高 n 倍，方便电流检测。

三、轴向应变测量

例题：拉伸法测材料泊松比 μ。矩形截面拉伸试板。由于加工、夹持偏心等各种原因，加载过程试板可能会存在弯曲，这样拉伸过程不仅会出现拉伸应变，还会出现弯曲应变。弯曲应变会导致 μ 的测量结果出现偏差。

利用路桥的加减特性可消除弯曲变形对测量值的影响。其做法是在试板互相对称的面上各粘贴纵向与横向电阻应变计，如图 2-3 所示。

R_0 为温度补偿用电阻应变计，设温度变化引起应变为 ε_t，拉伸应变为 ε_F，弯曲应变为 ε_M。则纵向路桥各桥臂感受的应变为

$$\begin{cases} \varepsilon_1 = \varepsilon_F - \varepsilon_M + \varepsilon_t \\ \varepsilon_0 = \varepsilon_t \\ \varepsilon_4 = \varepsilon_F + \varepsilon_M + \varepsilon_t \end{cases} \quad (2\text{-}10)$$

纵向应变测量电路的应变读数 $\varepsilon_{d1} = \varepsilon_1 - \varepsilon_0 + \varepsilon_4 - \varepsilon_0 = 2\varepsilon_F$。则拉伸应变 $\varepsilon_F = \dfrac{\varepsilon_{d1}}{2}$。

横向路桥各桥臂感受的应变为

$$\begin{cases} \varepsilon_2 = -\mu(\varepsilon_F - \varepsilon_M) + \varepsilon_t \\ \varepsilon_0 = \varepsilon_t \\ \varepsilon_3 = -\mu(\varepsilon_F + \varepsilon_M) + \varepsilon_t \end{cases} \tag{2-11}$$

横向应变测量电路的应变读数 $\varepsilon_{d2} = \varepsilon_2 - \varepsilon_0 + \varepsilon_3 - \varepsilon_0 = -2\mu\varepsilon_F$。则泊松比 $\mu = -\varepsilon_{d2}/\varepsilon_{d1}$。

可见，测量值消除了弯曲变形与温度的影响。

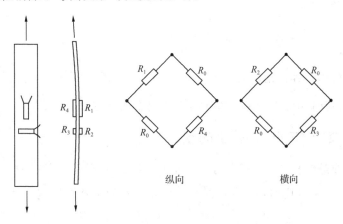

纵向　　　　　横向

图 2-3　轴向应变测量电路

四、弯曲应变测量

若测量上例中的弯曲应变，将图 2-3 中电阻应变计按图 2-4 所示方式连接，则用半桥连接方式即可测出弯曲应变。R 为固定电阻。

根据式(2-10)可得读数应变 $\varepsilon_d = \varepsilon_1 - \varepsilon_4 = -2\varepsilon_M$，进而得到弯曲应变 ε_M。

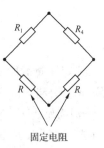

固定电阻

图 2-4　弯曲应变测量电路

五、切应力全桥测量

例题：受恒力作用的悬臂梁如图 2-5 所示。中性层处于纯剪切状态，切应力为 τ。在与轴线成 $\pm 45°$ 方向的面上只存在正应力 σ_1 与 σ_3，且 $\sigma_1 = \tau$，$\sigma_3 = -\tau$。

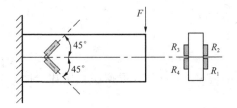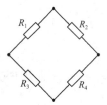

图 2-5　切应力全桥测量电路

用全桥连接方式,若温度变化引起的应变为 ε_t,与轴线成 45°方向的剪力引起的线应变为 ε,则

$$\begin{cases} \varepsilon_1 = \varepsilon + \varepsilon_t \\ \varepsilon_2 = -\varepsilon + \varepsilon_t \\ \varepsilon_3 = -\varepsilon + \varepsilon_t \\ \varepsilon_4 = \varepsilon + \varepsilon_t \end{cases} \tag{2-12}$$

测量电路读数应变 $\varepsilon_d = \varepsilon_1 - \varepsilon_2 - \varepsilon_3 + \varepsilon_4 = 4\varepsilon$,即 $\varepsilon = \dfrac{\varepsilon_d}{4}$。

据广义胡克定律,$\varepsilon = \dfrac{1}{E}(\sigma_1 - \mu\sigma_3) = \dfrac{1+\mu}{E}\tau$。

对线弹性材料,在弹性范围有 $G = \dfrac{E}{2(1+\mu)}$,故 $\tau = 2G\varepsilon = \dfrac{G\varepsilon_d}{2}$。

圆轴受到扭转时切应力的测量方法与弯曲应变测量方法一致。

六、组合变形下内力分量测量

例题:圆截面悬臂杆如图 2-6 所示,受到轴力 F、xOy 平面内弯矩 M_{xy}、xOz 平面内弯矩 M_{xz} 与扭矩 T 的组合作用。试测定某一截面上各外力引起的应变。

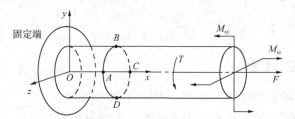

图 2-6 圆截面悬臂杆受力与测点布置

在选定测量截面上取 A、B、C、D 四个测点。A、C 点弯矩 M_{xy} 引起的应变为 0。B、D 点弯矩 M_{xz} 引起的应变为 0。轴力 F 在 A、B、C、D 四点引起的应变相等。ε_F、$\varepsilon_{M_{xy}}$、$\varepsilon_{M_{xz}}$、ε_T、ε_t 分别为轴力 F、弯矩 M_{xy}、弯矩 M_{xz}、扭矩 T 与温度变化引起的应变。

工况一:轴力 F 引起应变的测量

在 A、C 点沿圆杆轴线各布置一电阻应变计,如图 2-7 所示。A 点电阻应变计为 R_1,C 点电阻应变计为 R_4,R_2,R_3 为温度补偿用电阻应变计,组成如图 2-7(a)所示路桥,则

$$\begin{cases} \varepsilon_1 = \varepsilon_F - \varepsilon_{M_{xz}} + \varepsilon_t \\ \varepsilon_2 = \varepsilon_t \\ \varepsilon_3 = \varepsilon_t \\ \varepsilon_4 = \varepsilon_F + \varepsilon_{M_{xz}} + \varepsilon_t \end{cases} \tag{2-13}$$

读数应变 $\varepsilon_d = 2\varepsilon_F$。轴力 F 引起的应变 $\varepsilon_F = \varepsilon_d/2$,根据胡克定律、轴力与应力的关系即可得出轴力 F。

工况二:弯矩 M_{xz} 引起应变的测量

如图 2-7(b)所示测量电桥。根据式(2-13),则读数应变 $\varepsilon_d = 2\varepsilon_{M_{xz}}$。弯矩 M_{xz} 引起的

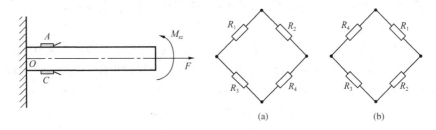

图 2-7 轴力、弯矩引起应变的测量

应变 $\varepsilon_{Mxz}=\varepsilon_d/2$，根据胡克定律、弯矩与杆件表面轴向正应力的关系即可得出弯矩 M_{xz}。

工况三：弯矩 M_{xy} 引起应变的测量

在 B、D 点沿圆杆轴线各布置一电阻应变计。其余过程与弯矩 M_{xz} 的推导过程相同。

工况四：扭矩 T 引起应变的测量

在 A、C 测点分别沿与轴线成 $\pm45°$ 方向粘贴互相垂直的电阻应变计，如图 2-8 所示，组成全桥测量电路。

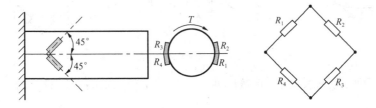

图 2-8 扭矩引起应变的测量

则各桥臂感受的应变为

$$\begin{cases}\varepsilon_1=\varepsilon_T+\varepsilon_F+\varepsilon_{M_{xy}}-\varepsilon_{M_{xz}}+\varepsilon_t\\\varepsilon_2=-\varepsilon_T+\varepsilon_F-\varepsilon_{M_{xy}}-\varepsilon_{M_{xz}}+\varepsilon_t\\\varepsilon_3=\varepsilon_T+\varepsilon_F-\varepsilon_{M_{xy}}+\varepsilon_{M_{xz}}+\varepsilon_t\\\varepsilon_4=-\varepsilon_T+\varepsilon_F+\varepsilon_{M_{xy}}+\varepsilon_{M_{xz}}+\varepsilon_t\end{cases}\qquad(2\text{-}14)$$

读数应变 $\varepsilon_d=\varepsilon_1-\varepsilon_2+\varepsilon_3-\varepsilon_4=4\varepsilon_T$，与轴线成 $\pm45°$ 方向上的线应变 $\varepsilon_T=\varepsilon_d/4$，扭转切应力 $\tau=\dfrac{G\varepsilon_d}{2}$。根据扭矩与杆件表面扭转切应力关系即可得出扭矩 T。

2.4 常见应变式力传感器的路桥布置

应变式力传感器可分为拉压式、弯曲式与剪切式等。

一、拉压式力传感器

通过布置在弹性元件上的电阻应变计感受到的拉压应变大小来反映作用力的大小。常用的弹性元件有空心圆柱式、板孔式等。空心圆柱式一般用于制作大量程的传感器，板孔式一般用于制作较小量程的传感器。

拉压式力传感器的特点:制作简单,精度低,抗弯能力差,非线性较大。

样式一:空心圆柱式

空心圆柱式力传感器如图 2-9 所示。电阻应变计粘贴在空心圆筒中部外表面的四等分点 A、B、C、D 上,对称粘贴四个纵向电阻应变计与四个横向电阻应变计,按全桥方式连接测量电路。若传感器受到的轴向力为 F,横截面积为 S,材料杨氏模量为 E,温度变化引起的应变为 ε_t,轴向应变为 ε_F,则 R_1、R_3 所在桥臂感受的应变为 $\varepsilon_F+\varepsilon_t$,$R_2$、$R_4$ 所在桥臂感受的应变为 $\varepsilon_F+\varepsilon_t$,$R_1'$、$R_3'$ 所在桥臂感受的应变为 $-\mu\varepsilon_F+\varepsilon_t$,$R_2'$、$R_4'$ 所在桥臂感受的应变为 $-\mu\varepsilon_F+\varepsilon_t$。

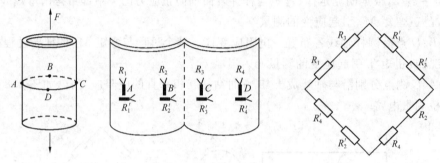

图 2-9 空心圆柱式力传感器

依据惠斯通电桥加减特性,读数应变 $\varepsilon_d=2(1+\mu)\varepsilon_F$,故 $\varepsilon_F=\dfrac{\varepsilon_d}{2(1+\mu)}$。

$$F=ES\varepsilon_F=\frac{ES}{2(1+\mu)}\varepsilon_d \tag{2-15}$$

样式二:板孔式

在平板上开小孔,在孔内边缘粘贴电阻应变计。据圣维南原理,开孔位置有应力集中。此类传感器灵敏度比较高。如图 2-10 所示,在孔内边缘粘贴四个电阻应变计。

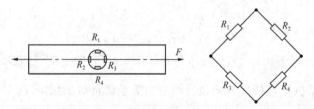

图 2-10 板孔式力传感器

若传感器受到的轴向力为 F,温度变化引起的应变为 ε_t,平板不开孔处轴向平均应变为 ε_F,则各桥臂感受的应变为

$$\begin{cases} \varepsilon_1=\varepsilon_4=k_1\,\varepsilon_F+\varepsilon_t \\ \varepsilon_2=\varepsilon_3=k_2\,\varepsilon_F+\varepsilon_t \end{cases} \tag{2-16}$$

式中,k_1、k_2 为应力集中系数。

读数应变 $\varepsilon_d=\varepsilon_1-\varepsilon_2+\varepsilon_4-\varepsilon_3=2(k_1-k_2)\varepsilon_F$。故 $\varepsilon_F=\dfrac{\varepsilon_d}{2(k_1-k_2)}$。

轴向力 F 与平板不开孔处轴向平均应变 ε_F 间的关系可通过标定试验确定。

二、弯曲式力传感器

弯曲式力传感器主要用于小量程范围的测量,分为悬臂梁式、双孔平行梁式、轮辐式、圆环式等。双孔平行梁式是常用的一种,如图 2-11 所示。任意位置的作用力皆可简化为端部的力 F 和弯矩 M。

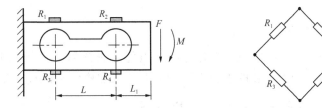

图 2-11 双孔平行梁式力传感器

若材料的弹性模量为 E,横梁的抗弯截面模量为 W,则各桥臂感受的应变为

$$\begin{cases} \varepsilon_1 = \dfrac{F(L+L_1)+M}{EW} \\[2mm] \varepsilon_2 = \dfrac{FL_1+M}{EW} \\[2mm] \varepsilon_3 = -\dfrac{F(L+L_1)+M}{EW} \\[2mm] \varepsilon_4 = -\dfrac{FL_1+M}{EW} \end{cases} \tag{2-17}$$

读数应变 $\varepsilon_d = \varepsilon_1 - \varepsilon_2 - \varepsilon_3 + \varepsilon_4 = 2\dfrac{FL}{EW}$。故

$$F = \frac{EW}{2L}\varepsilon_d \tag{2-18}$$

由此可见,外加力作用在横梁上的位置不同时,其测量结果不会发生改变。

三、剪切式力传感器

剪切式力传感器稳定性好,精度高,适用于中大量程范围的测量。常见形式有悬臂梁剪切式、轮辐剪切式等。

悬臂梁剪切式力传感器如图 2-12 所示。梁的中性层上布置有四个电阻应变计。材料的剪切模量为 G。力 F 与读数应变 ε_d 的关系为 $F = \dfrac{bhG}{3}\varepsilon_d$。

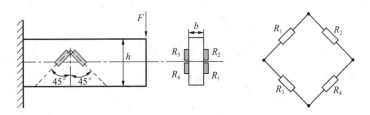

图 2-12 悬臂梁剪切式力传感器

2.5 实验应力分析

电阻应变计测的是线应变,从线应变到主应力需要进行推导计算。不同应力状态推导计算的方式有差别。

一、单向应力状态

在单向应力状态下测主应力的大小时,需要沿主应力方向粘贴一个电阻应变计,测出主应变 ε。据胡克定律,测点位置的主应力 $\sigma = E\varepsilon$,E 为被测构件材料的杨氏模量。

二、主应力方向已知的二向应力状态

在主应力方向已知的二向应力状态下测主应力的大小时,需要沿两个主应力方向各粘贴一个电阻应变计,两个电阻应变计要互相垂直,测得两个主应变 ε_1 与 ε_2。据广义胡克定律,测点位置的主应力 σ_1 与 σ_2 为

$$\begin{cases} \sigma_1 = \dfrac{E}{1-\mu^2}(\varepsilon_1 + \mu\varepsilon_2) \\ \sigma_2 = \dfrac{E}{1-\mu^2}(\varepsilon_2 + \mu\varepsilon_1) \end{cases} \tag{2-19}$$

式中,E 为被测构件材料的杨氏模量,μ 为被测构件材料的泊松比。

三、主应力方向未知的二向应力状态

主应力大小与方向都未知的复杂受力状态,要测主应力的大小与方向三个未知量,至少需要三个联立方程,即至少测定三个方向的应变,这要用到三轴应变花。

对某测点布置三轴应变花,如图 2-13 所示。xOy 为测点处任意选定的直角坐标系。三个电阻应变计的纵轴相交于坐标系的原点,与 x 轴的夹角依次为 α_1、α_2 与 α_3,测出的线应变分别为 ε_{α_1}、ε_{α_2} 与 ε_{α_3}。已知原点 O 处沿坐标轴的线应变为 ε_x、ε_y,剪应变为 γ_{xy}。与坐标轴 x 方向成任意角度 α 的线应变 ε_α 为

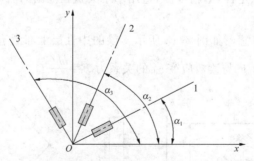

图 2-13 电阻应变计布置图

$$\varepsilon_\alpha = \frac{\varepsilon_x + \varepsilon_y}{2} + \frac{\varepsilon_x - \varepsilon_y}{2}\cos 2\alpha - \frac{\gamma_{xy}}{2}\sin 2\alpha \tag{2-20}$$

式中,线应变受拉时为正,剪应变直角增大时为正。

据式(2-20)，α_1、α_2、α_3 三个方向上的应变与 ε_x、ε_y、γ_{xy} 之间存在如下关系式

$$\begin{cases} \varepsilon_{\alpha_1} = \dfrac{\varepsilon_x + \varepsilon_y}{2} + \dfrac{\varepsilon_x - \varepsilon_y}{2}\cos(2\alpha_1) - \dfrac{\gamma_{xy}}{2}\sin(2\alpha_1) \\[2mm] \varepsilon_{\alpha_2} = \dfrac{\varepsilon_x + \varepsilon_y}{2} + \dfrac{\varepsilon_x - \varepsilon_y}{2}\cos(2\alpha_2) - \dfrac{\gamma_{xy}}{2}\sin(2\alpha_2) \\[2mm] \varepsilon_{\alpha_3} = \dfrac{\varepsilon_x + \varepsilon_y}{2} + \dfrac{\varepsilon_x - \varepsilon_y}{2}\cos(2\alpha_3) - \dfrac{\gamma_{xy}}{2}\sin(2\alpha_3) \end{cases} \tag{2-21}$$

由式(2-21)可得到线应变 ε_x、ε_y 与剪应变 γ_{xy}。

若线应变 ε_x、ε_y 与剪应变 γ_{xy} 已知，则主应变 ε_1、ε_2 与主应变方向 α_0（沿逆时针方向旋转与 0 方向电阻应变计的夹角）满足

$$\left.\begin{array}{c} \varepsilon_1 \\ \varepsilon_2 \end{array}\right\} = \frac{\varepsilon_x + \varepsilon_y}{2} \pm \frac{1}{2}\sqrt{(\varepsilon_x - \varepsilon_y)^2 + \gamma_{xy}^2} \tag{2-22}$$

$$\tan(2\alpha_0) = -\frac{\gamma_{xy}}{\varepsilon_x - \varepsilon_y} \tag{2-23}$$

据式(2-22)可求出主应力的大小，据式(2-23)可求出主应力的方向。

三个电阻应变计的夹角可随意设置。为简便计算，一般取 0、45°、60°、90°。常用的应变花有三轴 45°、三轴 60°、四轴 45°（直角 T 形）等，如图 2-14 所示。

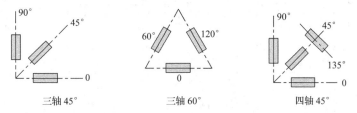

三轴 45°　　　　三轴 60°　　　　四轴 45°

图 2-14　应变花

类型一：三轴 45°应变花

将 ε_0、ε_{45} 和 ε_{90} 代入式(2-21)，得

$$\begin{cases} \varepsilon_x = \varepsilon_0 \\ \varepsilon_y = \varepsilon_{90} \\ \gamma_{xy} = \varepsilon_0 + \varepsilon_{90} - 2\varepsilon_{45} \end{cases} \tag{2-24}$$

将式(2-24)代入式(2-22)和式(2-23)得主应变大小与方向计算式

$$\left.\begin{array}{c} \varepsilon_1 \\ \varepsilon_2 \end{array}\right\} = \frac{\varepsilon_0 + \varepsilon_{90}}{2} \pm \sqrt{\frac{(\varepsilon_0 - \varepsilon_{45})^2 + (\varepsilon_{45} - \varepsilon_{90})^2}{2}} \tag{2-25}$$

$$\tan(2\alpha_0) = \frac{(\varepsilon_{45} - \varepsilon_{90}) - (\varepsilon_0 - \varepsilon_{45})}{(\varepsilon_{45} - \varepsilon_{90}) + (\varepsilon_0 - \varepsilon_{45})} \tag{2-26}$$

将式(2-25)、式(2-26)代入式(2-19)得主应力计算式

$$\left.\begin{array}{c} \sigma_1 \\ \sigma_2 \end{array}\right\} = \frac{E}{1 - \mu^2}\left[\frac{1+\mu}{2}(\varepsilon_0 + \varepsilon_{90}) \pm (1-\mu)\sqrt{\frac{(\varepsilon_0 - \varepsilon_{45})^2 + (\varepsilon_{45} - \varepsilon_{90})^2}{2}}\right] \tag{2-27}$$

类型二：三轴 60°应变花

主应变计算式为

$$\left.\begin{array}{c}\varepsilon_1\\ \varepsilon_2\end{array}\right\}=\frac{\varepsilon_0+\varepsilon_{60}+\varepsilon_{120}}{3}\pm\frac{1}{3}\sqrt{2\left[(\varepsilon_0-\varepsilon_{60})^2+(\varepsilon_{60}-\varepsilon_{120})^2+(\varepsilon_{120}-\varepsilon_0)^2\right]}$$

$$\tan(2\alpha_0)=\sqrt{3}\frac{(\varepsilon_0-\varepsilon_{120})-(\varepsilon_0-\varepsilon_{60})}{(\varepsilon_0-\varepsilon_{120})+(\varepsilon_0-\varepsilon_{60})} \tag{2-28}$$

主应力计算式

$$\left.\begin{array}{c}\sigma_1\\ \sigma_2\end{array}\right\}=\frac{E}{1-\mu^2}\left\{\frac{1+\mu}{3}(\varepsilon_0+\varepsilon_{60}+\varepsilon_{120})\pm(1-\mu)\sqrt{2\left[(\varepsilon_0-\varepsilon_{60})^2+(\varepsilon_{60}-\varepsilon_{120})^2+(\varepsilon_{120}-\varepsilon_0)^2\right]}\right\}$$

$$\tag{2-29}$$

类型三:四轴 45°应变花

主应变计算式

$$\left.\begin{array}{c}\varepsilon_1\\ \varepsilon_2\end{array}\right\}=\frac{\varepsilon_0+\varepsilon_{45}+\varepsilon_{90}+\varepsilon_{135}}{4}\pm\frac{1}{2}\sqrt{(\varepsilon_0-\varepsilon_{90})^2+(\varepsilon_{45}-\varepsilon_{135})^2}$$

$$\tan(2\alpha_0)=\frac{\varepsilon_{45}-\varepsilon_{135}}{\varepsilon_0-\varepsilon_{90}} \tag{2-30}$$

主应力计算式

$$\left.\begin{array}{c}\sigma_1\\ \sigma_2\end{array}\right\}=\frac{E}{1-\mu^2}\left[\frac{1+\mu}{2}(\varepsilon_0+\varepsilon_{90})\pm\frac{1-\mu}{2}\sqrt{(\varepsilon_0-\varepsilon_{90})^2+(\varepsilon_{45}-\varepsilon_{135})^2}\right] \tag{2-31}$$

第3章

常用力学实验仪器

3.1 万能试验机

一、发展历程

万能试验机主要用来测定材料的静强度指标、刚度指标和塑性指标,是典型的静态试验机系统。

早在 15 世纪,天才艺术家与发明家达·芬奇就发明了一种简单测试绳索拉力的试验装置,这可以作为现代材料试验机的开端。

18 世纪中叶,荷兰物理学家穆休布罗克发明了世界上最早的拉伸试验机,其结构样式类似一杆秤。拉伸试验机的发明为材料力学性能的测试技术发展奠定了基础,这标志着材料力学性能评价体系的诞生。

19 世纪中叶,意大利科学家伽利略设计出了用砝码加载的静态材料试验机,当时主要是为了验证基于解析法求得的构件安全尺寸是否合理。该试验机只能测定构件受载过程的最大力,无法记录整个加载过程曲线。

20 世纪中叶,静态液压试验机开始普及,该类试验机能够实现连续加载,能够记录力与位移的关系曲线。借助应变式引伸仪,还能测定材料的弹性模量与屈服强度。但当时的试验机还不能很好地控制加载速率,试验结果的重复性不能保证。

一般材料的静态力学性能会受到加载速率的影响,因此获得准确的加载速率就显得非常重要。电子与计算机控制技术可以使试验机实现加载速率的精准控制。微机控制电子万能试验机与电液伺服控制材料试验机都具备精准控制加载速率的功能,且可以精确记录加载过程曲线。常用的加载速率控制包括力控制、位移控制与应变控制等。

进入 21 世纪,以德国 Zwick 等为代表的公司设计出了全自动静态试验系统,实现了静态试验的完全自动化。该试验系统配备机械手,从试样装夹到打印报告的整个过程实现全自动。

二、分类

常见的万能试验机有液压万能系列与机械万能系列两大类。液压万能系列又分为手动液压万能系列和电液伺服万能系列。机械万能试验系列又分为机械万能试验机系列和机电一体化的电子万能试验机系列。随着社会发展和技术的进步，电液伺服万能试验机和电子万能试验机已逐渐成为主流。常用的规格系列有 10 kN、50 kN、100 kN、200 kN、300 kN、500 kN、600 kN、1 000 kN 等。

按外观形式可分为单立柱类、双立柱类、四立柱类等。通常试验机的量程越大，立柱的数量越多。最大测量值在 2 kN 以下的试验机一般采用单立柱样式；最大测量值在 2～600 kN 的试验机一般采用双立柱样式。

按试验机大小可分为台式与落地式。台式试验机一般放置在稳固台面上，其量程较小，靠电动机提供动力；落地式试验机需要设置地脚锚固，其量程大，试样破坏瞬间的振动较大。最大测量值在 50 kN 以上的试验机一般采用落地式。

按照功能区间可分为单空间与双空间。双空间是普遍形式，有上拉下压式与上压下拉式两类。双空间试验机的拉向试验与压向试验处在两个不同的试验空间，其优点是试验方便，但是横梁的调节幅度大，试样断裂后容易导致较大振动；单空间试验机的拉向试验与压向试验同在一个试验空间内，整机刚性好，无间隙，试样断裂后能量的释放可在整机范围内有效分散，振动较小。

按力值测量方式可分为动摆测力机构和载荷传感器两种形式。传统试验机大部分都采用动摆测力机构配备表盘和指针指示力值，而现代试验机则采用载荷传感器并配备计算机控制与采集系统获得力值。

三、手动液压万能试验机

手动液压万能试验机的动力源为简易的高压油源，控制元件为手动调节阀，采用手动控制加载，属于开环控制系统。

由于受到主机结构、油源流量等方面的限制，试验的加载速率较小；油缸的活塞行程也较小，一般在 300 mm 左右。由于加载油缸的滑动摩擦力的影响，其最大测量值一般在 50 kN 以上。

该类试验机常用动摆测力机构来测力，准确度等级为 1 级或 2 级，其有效量程范围为满量程的 20％～80％，测力采用表盘式。常用动摆测力机构如图 3-1 所示。

加载时，油压作用在测力活塞上，测力活塞带动连杆上下运动，连杆通过轴承方铁带动摆杆与摆砣转动，进而推动齿杆运动，齿杆带动度盘的指针旋转，度盘上一般有两根指针显示力值，一根为主动针，另一根为从动针。加载时主动针会带着

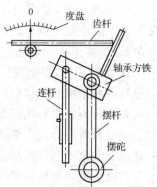

图 3-1 动摆测力机构

从动针随力值的增加而转动。卸力后，主动针会回到零点，而从动针仍留在最大力值位置，从而可以准确读出最大力值。

该类试验机的技术落后，但其生产成本低、量程大、操作简便，适合于大型结构件的试验，目前还有许多实验室使用。

四、电液伺服万能试验机

电液伺服万能试验机以精密高压油源为动力源,以比例阀或伺服阀为控制元件,属于闭环自动控制。利用电子计算机可实现力控制、应变控制、位移控制等模式,操控性好,使用方便。

受到油源流量的限制,试验加载速率较低。为确保闭环自动控制的精准运行,试验机需要有足够的刚度,这就导致其量程不可能很小,基本在 10 kN 以上。

为尽量减少液体对整机刚度的影响,其行程一般不大。

该类试验机适合对建材、金属类试样进行试验。

该类试验机对维护人员和操作人员的素质要求较高。水平较高的实验室一般具备该类设备。

常见电液伺服万能试验机如图 3-2 所示。

图 3-2　电液伺服万能试验机

五、电子万能试验机

电子万能试验机以伺服电动机为动力源,以丝杠、丝母为执行部件,分开环控制与闭环控制两种。利用电子计算机可实现力控制、应变控制、位移控制等模式,操控性好,使用方便。

试验加载速率范围大,一般为 0.001~1 000 mm/min。

试验的加载行程大,最大可达几米。

夹具配置比较灵活,可对线材、板材、高分子材料等进行测试。

若采用横梁位移速度进行开环控制,对整机刚度的要求不高,可进行小量程的试验。10 kN 以下试验机基本上都属于电子万能类试验机。

若采用闭环控制,系统刚度则显得非常重要。试样刚度也会直接影响系统刚度与整机稳定性,所以要据实际情况来设置系统的参数。

该类试验机对维护人员和操作人员的素质要求较高。水平较高的实验室一般具备该类设备。

常见的电子万能试验机如图 3-3 所示。

电子万能试验机的构成可分为三部分:计算机、控制器和主机。计算机内有试验控制与采集系统软件,能够实现对试验机操作的控制、数据采集与处理、数据存储和加载曲线的绘制等功能。控制器内置有

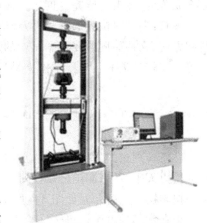

图 3-3　电子万能试验机

控制及采集板卡,可以实现控制信号的传递、信号的 A/D 转换以及信号的调制解析等功能。电子万能试验机的主机由两根滚珠丝杠作为立柱、试验机底座、固定的上横梁和可移

动的下横梁构成试验机的受力门式框架。可移动的下横梁将门式框架分成上拉下压(弯曲)的双空间。在上横梁上安装有固定的上夹头,在下横梁上安装有下夹头,拉伸试样夹持在上、下两个夹头中,放置于试验机底座内的伺服电动机驱动两根丝杠传动,使下横梁移动。随着下横梁带动下夹头向下移动即可实现对试样的拉伸。压缩或弯曲试样放置在试验机的下部空间,下横梁向下移动,即可实现对试样的压缩或弯曲。下夹头与下横梁间装有载荷传感器,对试样施加的载荷即由载荷传感器测出。一般该载荷传感器采用应变式传感器,该传感器将载荷转变为电信号,并通过控制器的调制与转换输入计算机,由计算机进行数据的采集与处理,转换为载荷信号。同时放置于试验机底座的光电编码器也将位移转换为电信号,通过控制器进入计算机,并转换为位移信号。在实验过程中,每一时刻都同时有一个力和位移相对应,在力-位移的二维空间中即为一个点,将实验过程中每一个试验点连起来绘制成曲线,即得到载荷-位移的拉伸曲线。这就是电子万能试验机的工作原理。

六、试验机配置对测量结果的影响分析

影响测量结果的试验机配置参数有最大量程、分辨力、准确度等级、加载速率范围、配套软件、夹具等。

最大量程:根据需要达到的最大力来选择试验机。力传感器一般都存在有效测量范围。为确保结果可靠,通常要求测量力值位于传感器最大量程的 $10\%\sim90\%$。当然,对于一些高精度的力传感器,其有效测量范围可达到最大量程的 $0.5\%\sim100\%$。

准确度等级:常见试验机的准确度等级一般为 1 级。这符合一般材料的测量要求。

分辨力:高分辨力能测出较小的分度,但分辨力太高易导致动态带宽性能的降低。

加载速率范围:加载速率范围越大,适应性就越强。

配套软件:配套软件一般从模块化程度、操作简便性、人性化程度、界面直观度、控制方案完善度、编辑功能完善度等方面来评价。

夹具:夹具对试验的重复性及其精度的影响较大。对夹具的基本要求为:对中性好、装卸方便、夹持稳固。要根据试样的形状来选择夹具,夹具常用形状有楔形、缠绕形、台阶形等。比较先进的是液压平推夹具,能较好地消除初始试验力。

3.2　扭转试验机

在扭转理论的发展历史上,法国人库仑是首个研究扭转的科学家,他发明了一种很敏感的扭力天平,用来测定金属丝对扭转的抗力,并于 1784 年发表扭转研究报告。库仑采用的扭转摆动试验装置如图 3-4 所示。

现在常用的电子式扭转试验机的构造如图 3-5 所示,由主机、扭矩检测单元、电子计算机单元、交流调速单元、扭角检测单元等组成。

主机由工作底座、电动机、主钳、副钳、减速机、直线导向组件等组成。

扭矩检测单元由扭矩传感器、振荡器、测量放大器、相敏解调电路、衰减网络及滤波电路组成。

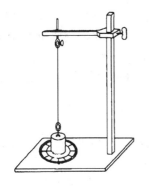

图 3-4　库仑扭转摆动试验装置　　　　　　　图 3-5　电子式扭转试验机

电子计算机单元用于扭角、扭矩、转速的测量、控制、转换计算及显示等,这包括试验过程曲线的记录。同时还具有试样破断和扭矩超限保护功能。

交流调速单元由脉宽调速交流伺服电动机作动力源,对主轴无级调速。该系统具有过流、失控、超温、过压自动保护功能。

扭角检测单元一般采用无触点的光电检测技术,由光电编码器检测输出脉冲,由电子计算机进行计数、计算,然后将结果送显。

试验机运行时,由电子计算机发出指令,通过交流伺服调速系统控制交流电动机的转速和转向;电动机带动减速机,经减速机减速后由齿轮系传递到主钳主轴箱,从而带动夹头旋转,对试样施加扭矩,同时由扭矩传感器和光电编码器输出参量信号,经转换放大处理后,检测结果反映在计算机的显示器上,并绘制出相应的扭矩—扭角曲线。

需要特别注意的是,扭转试验机的设计要采取措施保证试样扭转时其轴向变形不受约束是非常重要的。

3.3　疲劳试验机

德国工程师 August Wohler 于 1850 年设计出了世界上首台用于机车车轴的疲劳试验机,并于 1860 年设计出了旋转弯曲试验机。常用疲劳试验机有电液式、电磁式等。

一、电液式疲劳试验机

电液式疲劳试验机的工作机理是电液伺服阀依据输入信号的设置来控制输入液压缸活塞两腔的液压油,实现活塞杆按照预期对试样施加载荷。图 3-6 是一种典型的单轴电液式疲劳试验机构造,主要由液压缸、油源、电液伺服阀等设备组成。

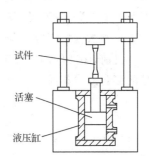

图 3-6　电液式疲劳试验机构造

电液式疲劳试验机的优点:通过控制液压油的流量实现控制,不用停机就能方便控制活塞杆的输出载荷幅度;通过电子计算机可对电液伺服阀实现数字控制,能方便控制活塞的输出载荷波形,电液伺服阀的阀口可按设定的波形进行变化,可实现三角波、正弦波等振动;载荷可达数兆牛顿;设备体积较小。

1957 年,世界上首台电液伺服谐振疲劳试验机问世。其采用一般谐振试验机的弹簧质量系统,试样在系统中起线性弹簧的作用,可在其上附加质量砝码,以达到一定的振动频率。该型试验机具有负荷高、能耗低等特点。输出试验频率通常处于 10~350 Hz。

二、电磁式疲劳试验机

电磁式疲劳试验机的应用比较广泛,因为其具有工作频率范围大、输出振动波形失真度小、易控制等特点。

图 3-7 所示是一种典型的电磁式疲劳试验机,主要由永磁体、电磁线圈、附加砝码、支撑弹簧等部件组成。其工作原理:电磁线圈通交流电后产生洛伦兹激振力,激振力驱动工作台实现对试样施加周期性的力。

电磁式疲劳试验机的振动频率很高,可以达到几千赫兹。其通过振动驱动系统来控制电磁激振系统,因此振幅和振动频率皆可以方便设定。但受到固有磁饱和的限制,输出的最大激振力会受到限制,且其低频性能较差。

电磁谐振式高频疲劳试验机是基于共振原理工作的,即当激振系统的振动频率和系统本身的共振频率相

图 3-7 电磁式疲劳试验机

等时,系统发生共振。振动系统由试样、砝码、测力杆等组成。系统的共振频率取决于试样材料的刚度和附加质量。电磁激振器的交变磁场能量用于补充弹性振动系统的能量损耗。只有激振力完全克服了阻尼力的影响、激振力超前于位移的相位角等于共振时的相位角等条件满足时,试验机才能稳定在共振状态下工作。

瑞士 Amsler 公司与英国 Instron 公司是最早研发高频疲劳试验机的厂家。Amsler 的产品采用的是上激励的结构形式,上部安装预加载系统、电磁激励器及配重砝码,该方式结构简单、应用较早、传递环节清晰直观,但美观度差、外形高、运输不方便、气隙调节操作不方便。Instron 的产品采用的是下激励的结构形式,底部安装预加载系统、电磁激励器及配重砝码,重心低、噪声低、美观度好。

长春试验机研究所与红山试验机厂是国内最先开始引进并研制高频疲劳试验机的厂家。目前,国产的高频疲劳试验机基本上是对 20 世纪 80 年代 Amsler 与 Instron 公司产品的综合技术集成。

3.4 变形测量计

变形测量计通常具有一定的测量标距与测量范围。为保持测量的精度,往往需要对要测的变形量进行放大处理。要综合考虑放大倍数、量程、标距参数等方面来选择变形测量计。

变形测量计可分为机械式、电子式、光学式等。

一、机械式变形测量计

常见机械式变形测量计有百分表、千分尺(最大量程一般为 3 mm)、卡尺、杠杆式引伸计(放大倍数一般为 1 000)、镜式引伸计(又称为光学机械式引伸计或马腾引伸计,放大倍数一般为 500)、碟式引伸计(又称为包雅兴诺夫引伸计,放大倍数一般为 1 000)、球铰式引伸计(一般放大倍数为 2 000)等。

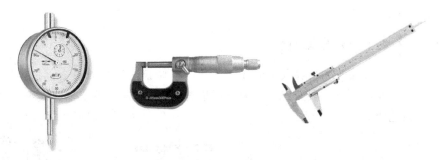

图 3-8 常见百分表、千分尺与游标卡尺

百分表利用齿轮传动比来放大测量数据。测量时,将细轴的触头紧紧靠在被测量的物体上,物体的位移(或变形)将会引起触头的上下移动,细轴上的平齿便推动小齿轮以及与其同轴的大齿轮共同转动,大齿轮带动指针齿轮,指针随着指针齿轮转动。大指针每转动 1 格表示触头的位移为 0.01 mm,即放大倍数为 100,故称为百分表。大指针转动的圈数由量程指针(小指针)记录,大指针转动一圈,小指针走一格。百分表的量程范围一般为 0~50 mm。使用百分表时,应使触头的位移方向与被测点的位移方向相一致,且对触头选取适当的预压缩量。

图 3-9 为镜式引伸计的工作原理。试样伸长时,其菱形活动刀刃会发生转动,固定在菱形活动刀刃上的小镜会发生同步转动,借助光杠杆的放大,在望远镜中即可观察到试样的伸长量。镜式引伸计的放大倍数一般是 500 倍。其缺点是轮廓尺寸和质量都很大,因此安装和调整时较困难。

图 3-10 为蝶式引伸计。用刀刃通过弹簧夹具将引伸计安装在试样上。引伸计的薄片弹簧组成弹性铰代替圆柱机械铰。当试样拉伸变形时, 刀刃带动零部件相对于

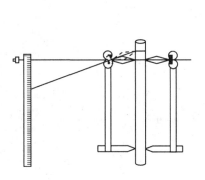

图 3-9 镜式引伸计的工作原理

图 3-10 蝶式引伸计

薄片弹簧的交线转动,此时借助仪器上的千分表便可读出试样的伸长量。取两个千分表读数的平均值,即可消除偏心拉伸时弯曲带来的影响。

二、电子式变形测量计

常见电子式变形测量计是电子引伸计,其标距有 5 mm、20 mm、50 mm 与 100 mm等。电子引伸计的工作原理为前面提到的电阻应变测量法。其变形量程范围一般较小。图 3-11 为典型电子引伸计样式。

三、光学式变形测量计

视频光学引伸计属于非接触式引伸计。其利用亚像素法原理测量变形量,可同时测量纵向和横向的变形,具有无刀口损伤、无断裂损害、无滑动误差等优点。典型的视频光学变形测量系统如图 3-12 所示。

图 3-11　典型电子引伸计样式　　　　　　图 3-12　典型的视频光学变形测量系统

第4章

理论力学创新应用演示实验

4.1 基础型教学案例:静力学实际应用演示实验

一、胶棉拖把的原理分析

胶棉拖把工作头的材质通常采用的是聚乙烯醇胶棉。胶棉具有很强的吸水性,能够充分满足工作头的洗洁工作需要。胶棉拖把最大的特点是挤水自洁功能,依据挤水功能划分,胶棉拖把可分为对板挤水胶棉拖把和棍棒挤水胶棉拖把。

对板挤水胶棉拖把的主要结构如图4-1所示,使用前将棉头浸泡于水中吸水,再向后拉动拉手,使之绕O点转动,胶棉夹将棉头中多余水分挤出。该拖把中的拉手属于简单机械中的杠杆。

棍棒挤水胶棉拖把如图4-2所示,拉手带动胶棉在滚轴间的狭小空间内运行,从而实现挤水功能。其具有宽面、富水、不脱毛等优点。该设计采用曲轴连杆机构,通过几何关系与虚位移原理推导,可以得出拉手提供的拉力与胶棉承受的挤压力之间的关系。

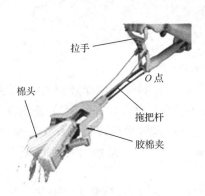

图 4-1 对板挤水胶棉拖把的主要结构

图 4-2 棍棒挤水胶棉拖把

二、轿车用千斤顶的工作原理与自锁条件

千斤顶是汽车维修中一种最常用、最简单的起重工具。

轿车用千斤顶可分为齿条千斤顶、螺旋千斤顶、液压千斤顶和充气式千斤顶四种类型。

齿条千斤顶体积不大,比较好存放,所以成为普通轿车常用千斤顶。齿条千斤顶由铰接的四连杆系和穿过两个铰接点的螺杆及基座、顶部支撑座等组成。图 4-3 所示为菱形齿条千斤顶。通过配置的手柄驱动螺杆旋转,使得支撑座上升或下降。在其设计中,上部两根支撑杆可简化为二力杆。顶部支撑座受到平面汇交力系作用。

承载中的千斤顶,螺杆的轴力作用在与其接触的螺母上,这相当于螺母作为滑块作用于螺杆的螺纹斜面上。当螺纹升角小于摩擦角时,螺纹处于滑动自锁状态,进而保证千斤顶可以在外加负荷下处于自锁状态。

相反,当升角(或倾角)不小于摩擦角时,螺纹处于滑动摩擦不自锁状态。自动关门的合页就是利用滑动摩擦不自锁的例子,如图 4-4 所示。

图 4-3　菱形齿条千斤顶　　　　　　　　图 4-4　自动关门合页

三、膨胀螺栓的工作原理

常用膨胀螺栓及其安装如图 4-5 所示。其设计借助于静滑动摩擦力与挤压力之间的关系。

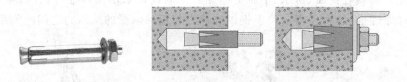

图 4-5　常用膨胀螺栓及其安装

膨胀螺栓的工作原理是利用楔形斜度来促使螺栓膨胀产生摩擦握裹力,达到固定的目的。螺栓的一端是螺杆,另一端是带有扩展的锥度。外面包一钢套筒,钢套筒靠近带锥度端有若干切口。当把其塞进打好的孔洞内,旋转螺母,螺母即把螺杆往外拉,将带锥度部分拉入钢套筒内,钢套筒被胀开,于是与孔洞壁产生挤压,进而增大摩擦,这样螺栓就不易从墙体内拔出,达到了固定的目的。

膨胀螺栓一般用于防护栏、雨篷、空调等在混凝土、砖等材料上的紧固。但其受到振动时容易松动,因此不能用于安装吊扇等。

四、压延机的摩擦问题

压延机的压延厚度和摩擦系数有关。如图 4-6 所示,要使得压延产生,必须使合力向右,进而可以求得厚度和摩擦系数的关系。

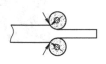

图 4-6　压延机

五、管钳的工作原理

人们利用静滑动摩擦原理来实现管壁与管钳的协同运动,如图 4-7 所示。

六、塔式起重机的稳定性与翻倒问题

塔式起重机的稳定性问题为典型平面平行力系的平衡问题,利用临界条件,可以求出平衡块的限重和稳定度,如图 4-8 所示。

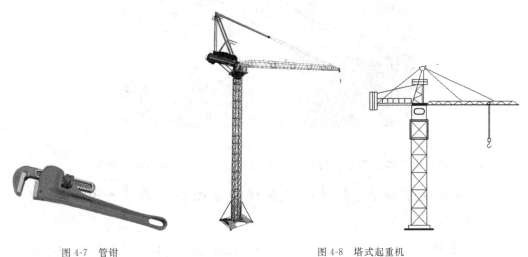

图 4-7　管钳　　　　　　　　　　　　　　　　　图 4-8　塔式起重机

七、桥梁结构的静力分析

桥梁设计广泛应用了静力学知识。

拱桥:材料一般为脆性材料,单个构件受到平面汇交力系作用。图 4-9 所示赵州桥就是典型实例。

桁架结构桥:构件受到平面汇交力系或一般力系的作用,应用节点法或截面法可以求解。如图 4-10 所示南京长江大桥就是典型实例。

悬索桥:悬索上的每一个节点为一平面汇交力系作用点。如图 4-11 所示矮寨悬索桥就是典型的应用实例。

图 4-9 赵州桥

图 4-10 南京长江大桥

图 4-11 矮寨悬索桥

当然,桥梁的设计除了需要进行静力平衡分析外,还需要进行动力分析。

八、应力集中概念、空间杠杆原理和弯曲技术在瓷砖切割机上的综合应用

瓷砖切割机(图 4-12)综合应用了材料力学中的应力集中概念、理论力学中的杠杆原理和弯曲技术。

图 4-12 瓷砖切割机

九、轮子

轮子是人类的一大发明,人们利用轮子传递力和能量。转动时轮子与轮轴之间的摩擦总是存在的。那轮子前进时是如何克服这些摩擦力的?轮子的半径比轮轴的半径大很多,这就如同有一圈撬棍来帮助克服摩擦力。

那么在推拖拉机时,是该推车身还是该推车轮的轮胎呢?答案当然是推轮胎,因为撬棍的杠杆作用可以增大推力。

4.2　基础型教学案例:运动学实际应用演示实验

一、旋转式剃须刀的比较

图 4-13 所示为旋转式剃须刀,有单刀头、双刀头和三刀头等类型。每个旋转的刀头都有可剃须区和不可剃须区。

在电动机转速为定值的情况下,根据切削速度和转速的正比关系容易确定出可产生最佳效果的剃须区域。

图 4-13　旋转式剃须刀

二、齿轮的应用

齿轮是轮缘上有齿且能连续啮合传递运动和动力的机械元件。齿轮传动的类型有很多,如图 4-14 所示。互相咬合的两齿轮,其角速度(或转速)和角加速度与半径成反比,即与其齿数成反比。

行星齿轮(图 4-15)除了能像定轴齿轮那样围绕着自己的转动轴转动之外,它们的转动轴还随着行星架绕其他齿轮的轴线转动。绕自己轴线的转动称为"自转",绕其他齿轮轴线的转动称为"公转"。电动螺丝刀、新型铅笔刀都用到了行星齿轮。

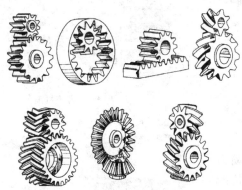

图 4-14　齿轮传动的类型

图 4-15　行星齿轮

三、计算机驱动器变角速度的控制

计算机硬盘驱动器(图 4-16)中包含有蜗轮蜗杆机构、摩擦传动机构和凸轮紧固机构等。为保证线速度不变,在信号接收点不断变动的情况下,计算机硬盘驱动器转盘的角速度也实时变化。

四、缝纫机的运动分析

缝纫机(图 4-17)中存在着进行点的各种运动和刚体的各种运动的机构,包括曲柄滑块机构、四连杆机构、曲柄摆杆机构、凸轮机构、皮带传动机构和齿轮传动机构等。

图 4-16　计算机硬盘驱动器　　　　图 4-17　缝纫机

五、滑轮组的应用

滑轮组(图 4-18)是由多个动滑轮、定滑轮组装而成的一种简单机械,既可以省力也可以改变作用力的方向。

六、蒸汽机车的运动分析

蒸汽机车(图 4-19)用到定轴转动、曲柄滑块牵连运动等。

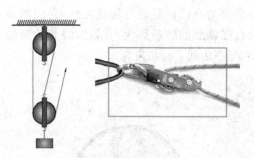
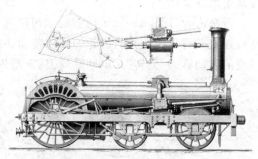

图 4-18　滑轮组　　　　　　　　　图 4-19　蒸汽机车

七、挖掘机的构造

常见的挖掘机(图 4-20)结构包括动力装置、工作装置、回转机构、操纵机构、传动机构、行走机构和辅助设施等。传动机构通过液压泵将发动机的动力传递给液压马

图 4-20　挖掘机

达、液压缸等执行元件,推动工作装置工作,从而完成各种作业。挖掘机的吊臂是典型的多连杆机构。

八、为减少淋雨量,下雨天是该跑还是该走呢?

关于淋雨量的问题,首先需要分解,一是有多少雨落到你头上? 二是有多少雨淋到你胸前? 假设雨点是均匀分布的。

如果没有刮风,下雨天是该跑还是该走呢?

不管是跑还是走,你胸前的淋雨量是一样的。因为跑的时候,胸前湿得快些,但是淋雨时间要短些;走的时候淋湿会慢些,但是时间要长些。所以不管是走还是跑,胸前总的淋雨量是相同的。

但是相对于走而言,跑时头顶的淋雨量会减少。因为跑比走的速度快些,自然淋雨的时间短些,所以头顶的淋雨量会减少。

如果刮风呢? 顺风走的话,如果你的速度等于风速,淋雨是最少的。逆风时,减小迎风面积是减少淋雨量的关键。

九、海啸来时,如果你在船上,你的船是应该往深海开还是应该往岸边开?

海啸时,水越深,波浪的移动速度越快。深海的海浪通常也就只有几英尺高,两波海浪的距离可达到数百英里,如果你在深海区域,甚至都感觉不到其存在。靠近海岸时,波浪移动速度会减慢,为了保持能量守恒,波长会减小,海水会迅速堆积,产生高大的水墙。因此,如果海啸来时,你在船上,那就赶紧往深海开船吧。

十、鞭子抽打的响声是怎么产生的?

船在水上行驶,当船速高于涟漪的速度时,涟漪就无处可去,便形成堆积的波浪。鞭子抽打的响声和这个原理是相同的,这就是音爆现象。

当鞭子抽打时,声音像涟漪一样扩散,绳子的动量是恒定的,当波动向鞭子末端移动时,质量在减小,总动量不变,速度就迅速增大,声波聚集起来,便会产生冲击波,即产生响声。

4.3 基础型教学案例:动力学实际应用演示实验

一、旋转机械的平衡问题

旋转机械的平衡问题包括静平衡问题和动平衡问题。动平衡的物体一定是静平衡的,静平衡的物体不一定是动平衡的。

据统计,旋转机械的振动故障有70%来源于转子系统的不平衡。在机器制造或维修中,动平衡成为一道工序。

汽车的车轮是由轮胎、轮毂组成的一个整体。由于制造上的原因,这个整体各部分的质量分布不可能非常均匀。汽车车轮高速旋转就会处于动不平衡状态,造成车辆在行驶中车轮抖动、方向盘振动的现象。为了避免这种现象或是消除已经发生的这种现象,就要使车轮在动态情况下通过增加配重的方法,校正各边缘部分的平衡。图 4-21 所示为汽车车轮动平衡仪。

二、功率、力矩、转速的关系及动力机的效率

图 4-22 所示为机械效率测量装置。直流电动机的输入功率等于电流乘以电压。动力源的输出功率等于扭矩与角速度的乘积。机械效率等于输出功率与输入功率之比。

图 4-21　汽车车轮动平衡仪　　　　　　　　　图 4-22　机械效率测量装置

三、振动产生优美动听的音乐

人类与音乐的关系源远流长。自有文明开始,音乐就已经融入人类的日常生活。早在西周时期,就出现了专门的音乐管理机构和音乐教育机构,开展对外音乐交流,应用十二律及七音阶,实行乐器"八音"分类法(我国最早对乐器按照其材料进行分类的方法)。虽然人类对音乐发声器的探求富有创造性,但许久以来,对乐器的起源和特性缺少记载。20 世纪,为储存资料才开始对现代的乐器进行分类。按照乐器的发声原理,乐器大体可以分为三类:弦乐器、管乐器和击乐器。

弦乐器:借助琴弦振动发出声音。例如:钢琴、提琴、吉他、二胡、琵琶等。

管乐器:向管中吹气,以吹出的气流使管中的空气柱振动而发声。例如:笛、号、簧管、萨克斯等。

击乐器:靠敲打乐器本体而发出声音。例如:鼓、钟、锣、快板等。

通过以上分类可以看出,乐器如果要发声,就必须满足一个共同的条件:振动。之所以能够对乐器进行上述分类,是因为不同乐器发声的振动机理不同。

如图 4-23～图 4-52 所示 ,吉他、八音琴、钢琴的弦振动都可建立力学模型,写出数理方程,并求出其振动频率。通过改变振动部分的长度来改变振动频率,进而产生不同的声音。

编钟是具有悠久历史的打击乐器,它将乐钟依大小和音高次序编组,悬挂在钟架上,

用木槌敲击演奏,故得名。曾侯乙编钟(图 4-26)包括钮钟、甬钟等共 65 件,总质量超过 2 500 千克,是迄今为止中国发现的数量最多、保存最好的一套编钟,因下排甬钟上铭刻"曾侯乙"而得名。

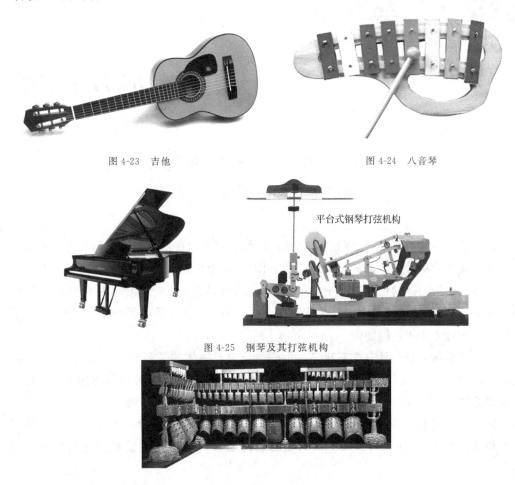

图 4-23　吉他　　　　　　　　　　　　图 4-24　八音琴

平台式钢琴打弦机构

图 4-25　钢琴及其打弦机构

图 4-26　曾侯乙编钟

四、过山车设计与人的加速度承受极限

乘坐过山车时,人们会体验到一种俯冲而下、头晕恶心的感觉,那时短暂的加速度峰值达到 5g(g 为重力加速度)。为了避免乘客晕过去,过山车的轨道要经过特殊设计。

人们承受加速度的能力,不仅取决于加速度的变化和持续时间,还取决于人们身体对方向的适应能力。通常情况下,当垂直加载于身体的加速度达 4g~5g 时,只要持续 5~10 s,就会导致"隧道视野效应",接着会失去知觉。喷气战斗机的垂直状态的加速度可达 9g,飞行员承受这种环境的能力越强,对空中作战越有利。一些飞行员穿着"重力加速度服",有助于让腿部的血液流向头部。保持承受水平加速度最高纪录的是美国空军飞行员约翰·斯塔普,其乘坐火箭搭载装置时承受了 46.2g 的考验。

第5章

静力学实验

5.1　基础型教学案例:构件重心位置三维坐标的测定实验

重心是指在重力场中,物体处于任何方位时,所有各组成部分的重力的合力都通过的那一点。物体的每一微小部分都受地心引力作用,可近似地看成这些引力相交于地心的汇交力系。由于物体的尺寸远小于地球的半径,因此可近似地把作用在一般物体上的引力视为平行力系,物体的总重力就是这些引力的合力。求物体重心的问题,实质上就是求平行力系的合力作用点问题。

重心在实际工程中具有重要意义。重心的位置对物体的平衡和运动有着直接影响。例如,重心过高容易导致倾覆等。物体的重心并不一定在物体上,可能在物体外。质量均匀分布的物体,重心的位置只跟物体的形状有关。质量分布不均匀的物体,重心的位置除跟物体的形状有关外,还跟物体内质量的分布有关。例如,载重汽车的重心会随着装货多少和装载位置的变化而变化,起重机的重心会随着提升物体的重量和高度的变化而变化等。

重心计算的理论方法有分割法、负体积法等。理论方法只能做近似计算,这是因为物体构件的制造和装配公差、材料的均匀程度等往往不够理想,这些因素在理论计算时是无法考虑的。因此,通过实验的方式确定构件的重心位置是不可或缺的。

常用的重心测定方法有悬挂法、重量反应法及摇摆法等。

悬挂法适用于薄板等构件。首先找一根细绳,在物体上找一点,用绳悬挂,画出物体静止后的重力线,同理再找一点悬挂,两条重力线的交点就是物体的重心。

重量反应法利用平衡和力矩的概念确定重心位置,其需要测量物体支点的反力、物体总重及支点距离等。此方法应用广泛,大型机械构件常用此法确定重心位置。

摇摆法需要利用特定的摇摆台进行,通过测量物体在摇摆台上的摆振周期,利用摆振周期与转动惯量的关系,确定物体的重心位置。有时采用此法确定汽车的重心位置。

一、实验目的

(1)加深对重心概念的理解。

(2)学会用悬挂法测定薄板构件的重心位置。

(3)学会用重量反应法测定复杂构件的重心位置。

二、实验仪器装置

(1)重心位置测量实验装置,如图5-1所示。

(2)待测构件。

(3)钢尺、直角尺。

(4)画线用具、铅锤。

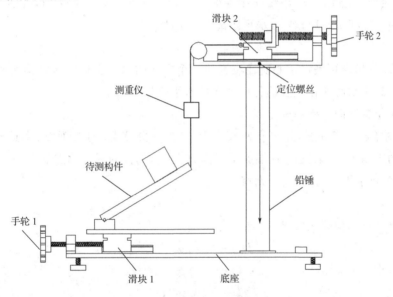

图 5-1　重心位置测量实验装置

三、实验原理

(1)悬挂法测量重心位置

如图5-2所示,在物体上选取任意不同的两点(A点、B点),用吊线悬挂物体,待物体静止后,过悬挂点作一垂线,根据二力平衡原理,物体的重心必在垂线上,两条垂线的交点C即为物体重心位置。

(2)重量反应法测量重心位置

采用重量反应法时,首先需要确定一测量基准面作为水平面,并在水平面内选择一测量基准点(通常为被测物体上的一点)作为原点来建立笛卡儿坐标系。这样物体重心位置便有两个水平方向的坐标(在基准面内)和一个垂直于基准面方向的坐标。

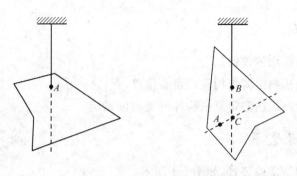

图5-2　悬挂法测量重心位置

①重心位置水平坐标的确定

如图5-3所示,对任意构件,设其总重量为G,将其A端放置在支座上,B端用吊线悬挂,使得吊线处于铅垂状态,吊线连接测重仪M。若测重仪读数为G_1,构件的两支撑点的水平距离为L_{AB},重心O与A点水平距离为L_{AC},则有

$$L_{AC}=L_{AB}G_1/G \tag{5-1}$$

通过式(5-1)即可确定重心所在位置的一个方向的水平坐标。将物体水平旋转90°,同理可以确定出重心所在位置的另一方向的水平坐标。

②重心位置垂向坐标的确定

将B端抬起一定高度,并调节A端水平位置,使得吊线处于铅垂状态,此时AB连线与水平面的夹角为θ。若此时B端测重仪读数为G_2,构件的两支撑点的水平距离为$L_{AB'}$,重心O与A点水平距离为$L_{AC'}$,则有

$$L_{AC'}=L_{AB'}G_2/G \tag{5-2}$$

基于三角形相似原理可求得L_{AD}。

$$L_{AD}=L_{AB}L_{AC'}/L_{AB'} \tag{5-3}$$

进而可求得L_{CD},即

$$L_{CD}=L_{AC}-L_{AD} \tag{5-4}$$

最终可得O点与C点之间的距离L_{OC},这样便可确定构件重心位置的垂向坐标,即

$$L_{OC}=L_{AB'}L_{CD}/L_{BB'} \tag{5-5}$$

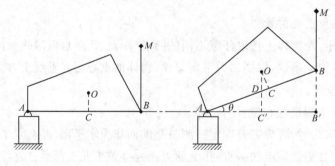

图5-3　重量反应法测量重心位置

四、实验程序

调试实验装置,使得实验台面处于水平状态。

选取试样,预先在试件上布置一个测量基准点,该基准点作为重心测量坐标系的坐标原点。以该坐标原点为基准,确定一个参考坐标系(通常取笛卡儿坐标系)。

1. 悬挂法测量重心

(1)在试样上确定两个悬挂点,如 A 点和 B 点。

(2)选取悬挂点 A,将其挂在定位螺丝上,再将铅锤挂在定位螺丝上,待试样、铅锤静止后,用油性笔和直角尺等工具,在试样上标注过悬挂点 A 的垂线。

(3)同理,可以标注出过悬挂点 B 的垂线。

(4)两条垂线的交点 C 即为重心位置。

(5)用直角尺测出在预制坐标系下的坐标值。

2. 重力反应法测量重心

(1)用测重仪测量被测构件的总重量 G。

(2)将被测构件按照图 5-3 所示水平摆放,通过手轮与水平仪调节使其水平,同时用铅锤调节吊线位置,使其处于竖直状态。待试样静止后,读取测重仪读数 G_1,读取滑块 1、滑块 2 初始坐标。

(3)旋转手轮 1、手轮 2,使试件 B 端抬起一定高度,并且吊线处于竖直状态,使得 AB 连线与水平线的夹角为 20°(一般处于 15°~25°即可),读取测重仪读数 G_2,并读取滑块 1、滑块 2 坐标。

(4)将测量结果代入式(5-1)~式(5-5),进而求得构件重心的空间位置坐标。

(5)关闭仪器,清理现场。

五、思考讨论题

(1)举例说明重心在实际工程中有哪些用处。

(2)请查资料了解如何利用摇摆法来确定物体的重心。

5.2　基础型教学案例:材料静、动滑动摩擦系数的测定实验

1966 年,英国人 H. P. Jost 在其发表的调查报告中首次提出了摩擦学的概念。所谓摩擦,是指两个相互接触的物体发生相对运动或有相对运动趋势时阻止两物体接触表面发生切向相对滑动或滚动的现象。

摩擦对人类的发展具有深远影响。古人的钻木取火被看作具有里程碑意义的技术,采用的就是摩擦理论。

摩擦与人们的生活息息相关。没有摩擦,人们就无法行走,就无法搬运物体。人的关节之间也有摩擦,关节软骨之间的摩擦系数达到 0.002 6,这是已知所有固体表面中摩擦

系数最低的,这为人类关节活动的高效率提供了条件。

有统计资料表明,全世界大约有 30% 的工业产能消耗于摩擦。由此可见,关于摩擦问题的研究与探索具有重大意义。

一、实验目的

(1)掌握材料最大静摩擦系数和动滑动摩擦系数的测量方法。

(2)测量铝、钢、塑料等材料与钢在不同压力条件下的最大静摩擦系数和动滑动摩擦系数

(3)了解数据采集与处理系统的工作原理及构成。

(4)熟悉数据采集与处理系统软件。

二、实验原理

两相互接触物体做相对运动(或有相对运动趋势)时,在接触面间产生的阻碍相对运动的力叫摩擦力。摩擦力可分为滑动摩擦力和滚动摩擦力。轴承、车轮与接触面的摩擦为滚动摩擦,两个相互接触的平面间产生的摩擦为滑动摩擦。滑动摩擦是本书要研究的对象。

近代摩擦理论认为,产生摩擦的主要物理原因是两物体接合面间的分子间的内聚力作用。两物体接合面上只有在凸起的区域才会接触,通常微观接触面积要小于宏观接触面积。微观接触面积取决于接触面的压强。接触面的压强越大,微观接触面越大,阻碍滑动的作用力越大。因此,接触面的压强直接影响着滑动摩擦系数的大小。

滑动摩擦可分为三种状态:静滑动摩擦状态、临界摩擦状态和动滑动摩擦状态,如图 5-4 所示。

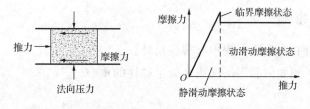

图 5-4 滑动摩擦状态

由于摩擦力是接触面间的分布力,因此没有一个很好的办法直接测量它。为了测量摩擦力,一般采用间接办法。如图 5-4 所示,在静滑动摩擦状态下,静摩擦力与施加的外部推力相平衡,并随着外部推力增加而增加;达到临界摩擦状态时,静摩擦力达到最大;进入动滑动摩擦状态后,如果质量块匀速运动,则此时的动滑动摩擦力与外部推力仍然是相互平衡的,摩擦力仍然可以由外部推力给出。得到摩擦力后,便可计算摩擦系数,即

$$\mu = F/N \tag{5-6}$$

式中:μ 为摩擦系数;F 为滑动摩擦力;N 为法向约束压力。

在式(5-6)中,当摩擦力为临界摩擦状态下的摩擦力时可以得到最大静滑动摩擦系数,在动滑动状态(匀速)下可以得到动滑动摩擦系数。动滑动摩擦系数跟相对滑动速度有关,当相对滑动速度不大时,可近似认为动滑动摩擦系数为常数。动滑动摩擦系数比最大静滑动摩擦系数略小,通常的解释是:由于摩擦力是两个物体接触面间的原子相互作用产生的,而物体间存在扩散作用,因此静止时会比相对滑动时有更多的原子参与相互作用,故动滑动摩擦力比静滑动摩擦力略小。

三、实验仪器设备

(1)DUTTM-1 型动、静滑动摩擦系数实验装置,如图 5-6 所示。

(2)载荷传感器。

(3)DH3817 型动、静态数据采集系统。

图 5-5 试样装夹

本实验中,采用图 5-5 所示双面摩擦加载方式,摩擦系数计算公式为

$$\mu_s = \frac{F_s}{2F_p} \tag{5-7}$$

$$\mu_d = \frac{F_d}{2F_p} \tag{5-8}$$

式中:μ_s 为最大静滑动摩擦系数;F_p 为法向压力;F_s 为最大静滑动摩擦力;μ_d 为动滑动摩擦系数;F_d 为动滑动摩擦力。

四、实验试样

(1)钢-钢摩擦副

(2)钢-铜摩擦副

(3)钢-铝摩擦副

五、实验程序

(1)将钢-钢摩擦副安装到 DUTTM-1 型动、静摩擦系数实验装置上。把摩擦副的固定板(两块小板)安装在卡槽内。安装滑移板时,其上、下边界均要超出固定板,如图 5-6 所示。

(2)连接电源线、数据采集线等,打开计算机和数据采集系统,熟悉操作环境和方法,如图 5-7 所示。

(注意:先开计算机,后开采集仪电源)

(3)旋转实验装置的加力手柄,对摩擦副施加法向压力。注意观察采集分析软件上显示的压紧力 F_p 值。对

图 5-6 动、静滑动摩擦系数实验装置

摩擦副试样加一定的法向压力(例如,3 kN、6 kN、9 kN、12 kN 等)。

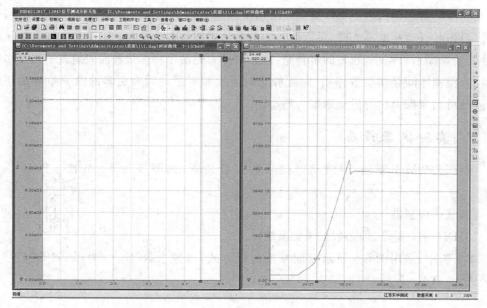

图 5-7　数据采集软件界面

(4)设置好加载电动机的转速挡,启动电动机,对摩擦副施加促使其滑动的力。加力时要缓慢平稳。注意观察加载过程的力-时间关系曲线。当摩擦副的滑移板与固定板相对滑动一定距离后停止加载。

(5)停止采样,在力—时间关系曲线上查找最大静滑动摩擦力和动滑动摩擦力。在滑移板突然滑动的瞬间,载荷值达到最大,即为最大静滑动摩擦力 F_s。在滑动板接近匀速滑动阶段所对应的滑动力为动滑动摩擦力 F_d。建议根据自动采集数据,取一定滑动距离的平均力值作为动滑动摩擦力。

(6)在压紧力分别为 3 kN、6 kN、9 kN、12 kN 下分别测量最大静滑动摩擦系数和动滑动摩擦系数。

(7)采用不同的摩擦副重复步骤(1)～(6),测定不同摩擦副的动、静滑动摩擦系数。

(8)实验结束,清理现场,关闭电源。

六、实验数据处理

(1)将实验数据记录到表 5-1 中。

(2)按式(5-7)和式(5-8)分别计算最大静滑动摩擦系数和动滑动摩擦系数。

(3)绘制不同摩擦副在不同正压力下的动滑动摩擦系数曲线及静滑动摩擦系数曲线,进行分析比较。

(4)摩擦系数实验结果保留三位有效数字。

表 5-1 原始记录

摩擦副	摩擦副状态	F_p/kN	F_s/kN	μ_s	F_d/kN	μ_d

七、思考讨论题

(1)静、动滑动摩擦系数与摩擦副表面粗糙度有何关系?

(2)摩擦副表面有油、水等介质对滑动摩擦系数有何影响?

(3)若摩擦副表面生锈,静、动滑动摩擦系数会怎么改变?

5.3 拓展型教学案例:金属材料试环一试块型滑动磨损实验

物体表面相接触并做相对运动时,材料自该表面逐渐损失以致表面损伤的现象,称为磨损。其包括体积磨损、质量磨损等。

体积磨损是指磨损实验后试样失去的体积。质量磨损是指磨损实验后试样失去的质量。

在实际工程中,摩擦是现象,磨损是摩擦的结果。摩擦、磨损是两个不同的概念。

一、实验目的

(1)熟悉磨损的概念。

(2)掌握试块滑动体积磨损的测定方法。

(3)掌握试环滑动体积磨损的测定方法。

(4)掌握材料试环-试块型滑动摩擦系数的测定方法。

二、实验原理

试块与规定转速的试环相接触,并承受一定的力,经规定转数后,用磨痕宽度计算试块的体积磨损,用称重法测定试环的质量磨损。实验时,连续测量试块上的摩擦力和正压力来计算摩擦系数。

三、实验试样

1.试块

试块形状通常为矩形体。推荐的长度尺寸为(19.05±0.1) mm,宽度尺寸为(12.32±0.05) mm,高度尺寸为(12.32±0.05) mm。

2. 试环

试环形状通常为圆环形体。推荐的外径尺寸为(49.22±0.025) mm,厚度尺寸为
(13.06±0.05) mm。

四、实验仪器设备

1. 摩擦磨损试验机

试环－试块型滑动摩擦实验装置如图 5-8
所示。

试环的转速应接近实际工作条件,其转速一
般在 5~4 000 r/min。

2. 分析天平

称试样质量用的分析天平感量应达 0.1 mg。

3. 尺寸测量仪器

测量试样尺寸的仪器误差应在 −0.005~
0.005 mm。

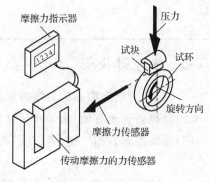

图 5-8　实验装置

测量磨痕尺寸的仪器误差应在−0.005~0.005 mm或磨痕宽度的±1%,取较大值。

五、实验程序

(1)在无振动、无腐蚀性气体和无粉尘的环境中进行。

(2)将试环及试块牢固地安装在试验机主轴及夹具上,试块要处于试环中心,并保证
试块边缘与试环边缘平行。

(3)启动试验机,使试环逐渐达到规定转速,平稳的将力施加至规定值。

(4)可以进行干摩擦,也可加入适当润滑介质以保证试样在规定状态下正常测试。

(5)根据需要,在测量过程中,记录摩擦力。

(6)累计转数根据材料及热处理工艺确定。

(7)对于称重的试样,实验前后用适当的清洗液以相同的方法清洗试样,建议先用三
氯乙烷,然后再用甲醇清洗,清洗后一般在 60 ℃下进行约 2 h 烘干。冷却至室温后,放入
干燥器中,2 h 后立即进行称量。

六、实验数据处理

(1)在块形试样磨痕中部及两端(距试样边缘 1 mm 处)测量磨痕宽度,取 3 次测量平
均值作为一个数据。

(2)标准尺寸试样三个位置的磨痕宽度之差大于平均宽度值的 20%时,数据无效。

(3)试块的体积磨损计算公式为

$$V_k = \frac{D^2}{8}t\left[2\sin^{-1}\frac{b}{D} - \sin\left(2\sin^{-1}\frac{b}{D}\right)\right] \qquad (5-9)$$

式中,V_k 为体积磨损,mm³;D 为试环直径,mm;b 为磨痕平均宽度,mm;t 为试块宽度,mm。

由于试块在磨损中受材料转移、氧化膜形成、润滑剂渗透等影响,试块的磨损量一般不用质量损失计算。

(4)试环的体积磨损计算公式为

$$V_b = \frac{m}{\rho} \tag{5-10}$$

式中,V_b 为体积磨损,mm³;m 为试环的质量磨损,mg;ρ 为试环材料的密度,g/mm³。

需要注意的是,如果实验后试环的质量增加,则不能用称重法计算体积磨损。

(5)摩擦系数计算公式为

$$\mu = \frac{F_m}{F} \tag{5-11}$$

式中,μ 为摩擦系数;F_m 为摩擦力,N;F 为标称正压力,N。

(6)关于测量结果准确性的说明

相同材料重复性测量的一致性与材料的均匀性、材料在摩擦中的相互作用、测量人员的操作技术密切相关。

测量结果通常分散性较大,尤其是干磨损实验对试样表面初始条件十分敏感,因此一般要重复进行三次以上。

磨损量与滑动距离一般不呈线性关系,因此仅能对同样转数的测量结果进行比较。

七、思考讨论题

(1)什么是体积磨损?

(2)磨损测量有什么实际工程意义?

5.4 工程型教学案例:高强度螺栓连接摩擦面的抗滑移系数测定实验

测量抗滑移系数是为了检验抗滑移面的处理工艺是否达到工程设计的要求。

实际工程中,每 2 000 t 滑移板划分为一批,每批三组试样。抗滑移系数实验采用双摩擦面的二栓拼接的拉力试样,如图 5-9 所示。d 为设计要求螺栓孔尺寸;b 为板宽,一般取 100 mm 或 110 mm;L_1 为试样夹持部分,根据试验机夹板确定。

抗滑移系数检验用试样与所代表的钢结构构件要为同一批制作、同一材质、同一摩擦面处理工艺和同一表面状态。

选取钢结构工程中具有代表性的板材厚度制作试样。在摩擦面滑移之前,要确保试样钢板的净截面处于弹性状态。试样板面要平整、无油污、无飞边、无毛刺。试样尺寸按照表 5-2 选取。

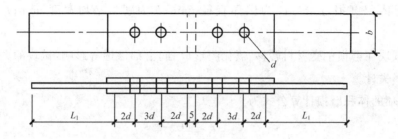

图 5-9　抗滑移系数拼接试样的形式和尺寸

表 5-2			试样尺寸			mm
螺栓直径 d	16	20	22	24	27	30
板宽 b	100	100	105	110	120	120

所用试验机的准确度级别不低于 1 级。贴有电阻应变计的高强度螺栓、压力传感器和电阻应变仪在使用前要用试验机进行标定,其误差要控制在 2‰ 以内。

试样的组装:将冲钉打入试样孔定位,然后逐个换成装有压力传感器或贴有电阻应变计的高强度螺栓。

紧固高强度螺栓的初拧达到螺栓预拉力标准值的 50% 左右,然后终拧。对装有压力传感器或贴有电阻应变计的高强度螺栓,用电阻应变仪实测控制螺栓的预拉力值在螺栓设计预拉力值的 0.95~1.05 倍。在试样侧面画出观察滑移的直线。

将组装好的试样放置于拉力试验机上,试样的轴线与试验机夹具中心严格对中。先加 10% 的抗滑移设计荷载值,停 1 min 后再平稳加荷,加荷速率为 3~5 kN/s,直至试样滑移破坏,测得滑移荷载。

当发生下列情况之一时,对应的荷载定为滑移荷载:

(1)试验机发生回针现象;

(2)试样侧面画线发生错动;

(3)试验机上的力与变形关系曲线发生突变;

(4)试样突然发生"嘣"的响声。

据所测得的滑移荷载 N_V 和螺栓预拉力 P 的实测值来计算抗滑移系数 μ,即

$$\mu = \frac{N_V}{n_f \sum_{i=1}^{m} P_i} \tag{5-12}$$

式中,μ 取小数点后两位有效数字;n_f 为摩擦面面数,$n_f=2$;P_i 为试样滑移一侧单个高强螺栓预拉力实测值,取三位有效数字;$m=2$,为试样一侧螺栓数。

第 6 章

运动学实验

6.1 基础型教学案例:曲轴连杆急回机构运动关联方程的测定实验

一、实验目的

(1)测定曲轴连杆急回机构的运动关联方程。

(2)加深对曲轴连杆急回机构运动机理的理解。

(3)掌握机构运动参数的测量方法。

二、实验原理

曲轴连杆急回机构如图 6-1 所示。当曲轴转动时,滑块以一定的速度向前运动。曲轴旋转至一定角度,滑块会快速返回。也就是说,曲轴保持匀速转动,但滑块前进和后退的速度不均匀。这种机构在机械工程中有广泛的应用,例如,蒸汽机车的连杆机构等。

曲轴连杆急回机构的运行原理如图 6-2 所示。该机构分为连续滑动曲柄机构和交叉曲柄机构两部分。

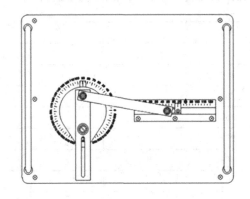

图 6-1　曲轴连杆急回机构

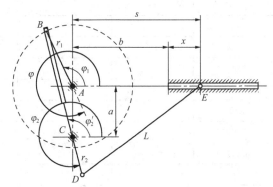

图 6-2　曲轴连杆急回机构运动原理

交叉曲柄机构为图 6-2 中 ABC,其作用是产生一不规则的旋转运动过程。曲柄半径

$r_1=46$ mm, AC 距离 $a=30$ mm, $b=85$ mm。

连续滑动曲柄机构为图 6-2 中的 CDE，其作用是产生一直线运动。曲轴半径 $r_2=55$ mm，DE 距离 $L=145$ mm。

该机构的运动方程 $x=f(\varphi)$ 可由下列方程表示

$$\varphi_1=\varphi-180° \tag{6-1}$$

$$\varphi'_2=\arccos\left(\frac{r_1\cos\varphi_1}{\sqrt{(r_1\cos\varphi_1)^2+(a+r_1\sin\varphi_1)^2}}\right) \tag{6-2}$$

$$\varphi_2=\varphi'_2+180° \tag{6-3}$$

$$s=r_2\cos\varphi_2+\sqrt{L^2-(a-r_2\sin\varphi_2)^2} \tag{6-4}$$

$$x=s-b \tag{6-5}$$

$x=f(\varphi)$ 的关系曲线样式如图 6-3 所示。

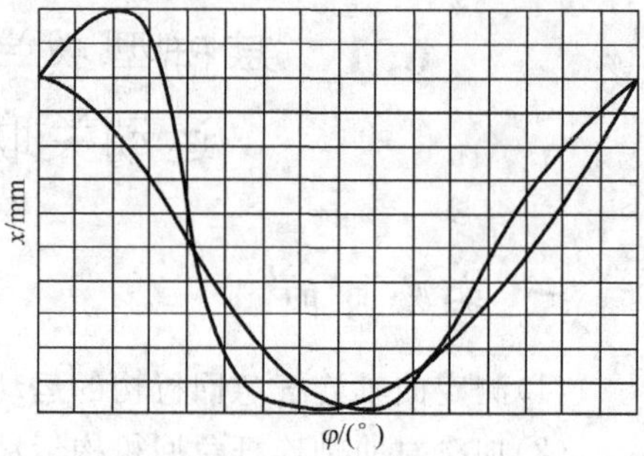

三、实验仪器设备

(1)曲轴连杆急回机构。
(2)量角器。
(3)卡尺,分度值为 0.02 mm。

四、实验程序

(1)转动把手使机构运动。

图 6-3　关系曲线样式

(2)在转盘上读出转动角度,同时读出滑块所在位置标尺的刻度。数据记录到表 6-1 中。
(3)测量结束,清理现场。

表 6-1　　　　　　　　　　　　输入角度与滑动位移记录表

输入角度/(°)	推杆位移/mm		输入角度/(°)	推杆位移/mm	
	测量值	理论位移		测量值	理论位移
10			190		
20			200		
30			210		
40			220		
50			230		
60			240		
70			250		
80			260		
90			270		
100			280		
110			290		
120			300		

(续表)

输入角度/(°)	推杆位移/mm		输入角度/(°)	推杆位移/mm	
	测量值	理论位移		测量值	理论位移
130			310		
140			320		
150			330		
160			340		
170			350		
180			360		

五、实验数据处理

(1)采用公式计算理论值。
(2)绘制输入角度与滑动位移之间的关系曲线。
(3)比较理论值与实测值的差异。

六、思考讨论题

(1)分析产生误差的原因。
(2)举例说明曲轴连杆急回机构的工程应用。

6.2 基础型教学案例：重力加速度的测定实验

重力加速度是指一个物体在受重力作用的情况下所具有的加速度,用符号 g 表示。它是反映地球引力强弱的参数。

测量重力加速度的方法有很多,包括单摆法、凯特法、三线摆法、自由落体仪法、气垫导轨法等。本教学案例采用单摆法。

一、实验目的

(1)加深对重力加速度概念的理解。
(2)熟悉用单摆法测定重力加速度。

二、实验原理

重力加速度 g 的理论值计算如下

$$g = 9.780\ 327 \times (1 + 5.302\ 4 \times 10^{-3} \sin^2 \varphi - 5.8 \times 10^{-6} \sin^2 2\varphi) - 3.09 \times 10^{-6} h$$

式中, φ 为地球纬度; h 为海拔高度。

假设单摆的摆长为 L,则单摆的摆动周期 T 与摆角 θ 的关系满足

$$T = 2\pi \sqrt{\frac{L}{g}} \left[1 + \left(\frac{1}{2}\right)^2 \sin^2 \frac{\theta}{2} + \left(\frac{1}{2}\right)^2 \times \left(\frac{3}{2}\right)^2 \sin^4 \frac{\theta}{2} \right] \qquad (6\text{-}6)$$

当 θ 不超过 5°时,上式可近似为

$$T=2\pi\sqrt{\frac{L}{g}} \tag{6-7}$$

由此可得

$$g=4\pi^2 L/T^2 \tag{6-8}$$

三、实验仪器设备

(1)单摆、小球、磁铁。

(2)卡尺、米尺。

(3)霍尔开关、多功能计时器。

四、实验程序

(1)调整单摆,并在小球下固定好磁铁。

(2)用米尺测量摆长,记录到表 6-2 中。注意摆长为小球半径与摆线长度之和。

(3)将多功能计时器与霍尔开关连接好,调节磁铁与霍尔开关的间距,使其能正常运行。

(4)启动单摆,使小球摆动,注意摆动幅度不能超过 5°。

(5)记录摆动次数 n 及相应的时间 t,记录到表 6-2 中。

(6)改变摆长,重复上述步骤。

(7)实验结束,关闭仪器,清理现场。

五、实验数据处理

(1)实验数据记录表,见表 6-2。

表 6-2   实验数据记录表

测量次数	摆长 L/m	摆动周期数 n	摆动持续时间 t/s	重力加速度 g/(m/s²)
1				
2				
3				
4				
5				
平均				

(2)依据公式 $T=t/n$ 计算摆动周期 T。

(3)依据实验原理计算重力加速度的理论值,并与实验值进行比较。

(4)重力加速度的测量结果至少保留四位有效数字。

六、思考讨论题

(1)单摆法测量重力加速度的原理是什么?

(2)影响重力加速度测量结果的因素有哪些?

第7章

动力学实验

7.1 基础型教学案例：构件转动惯量的测定实验

转动惯量是刚体转动时惯性的量度。其值取决于物体的形状、质量分布及转轴的位置。对于质量分布均匀，外形不复杂的物体可用公式计算出其相对于某一确定转轴的转动惯量；而对于外形复杂和质量分布不均匀的物体则只能通过实验的方法来精确地测定物体的转动惯量。

测定刚体转动惯量的方法有很多，常用的有三线摆法、扭摆法、复摆法等。本教学案例采用的是三线摆法，其特点是操作简便易行、适合各种形状的物体。

一、实验目的

(1)加深对转动惯量概念的理解。

(2)学会用三线摆法测定构件转动惯量。

(3)验证转动惯量的平行轴定理。

二、实验仪器设备

(1)电子秤。

(2)三线扭摆。

(3)开关型霍尔传感器。

(4)钢尺、游标卡尺。

(5)多功能计数计时仪。

三、实验原理

如图 7-1 所示为三线摆及其中一根悬线的扭转摆动分析，设下圆盘质量为 m，下圆盘对通过其质心 O_2 且垂直于盘面 O_1O_2 轴的转动惯量为 J_0。

向某一方向做扭转摆动时，假设下圆盘沿着 O_1O_2 轴线上升的高度为 h，则下圆盘上升增加的势能为 mgh。

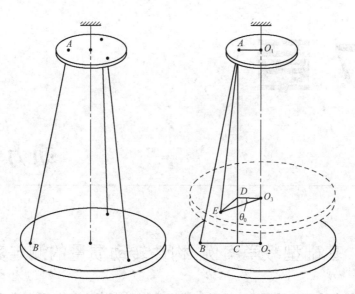

图 7-1　三线摆及其中一根悬线的扭转摆动分析

当下圆盘回到平衡位置时,角速度 ω_0 最大,此时动能为 $\frac{1}{2}J_0\omega_0^2$。

若忽略摩擦力的影响,由能量守恒原理可得

$$mgh=\frac{1}{2}J_0\omega_0^2 \tag{7-1}$$

若扭转角度很小,则可把扭转摆动看作简谐振动,其角位移 θ 为

$$\theta=\theta_0\sin\frac{2\pi}{T_0}t \tag{7-2}$$

式中,t 是时间,θ_0 是振幅,T_0 是一个完整摆动的周期。

角速度 ω 为

$$\omega=\frac{d\theta}{dt}=\frac{2\pi}{T_0}\theta_0\cos\frac{2\pi}{T_0}t \tag{7-3}$$

平衡位置时,最大角速度为

$$\omega=\frac{2\pi}{T_0}\theta_0 \tag{7-4}$$

由于三线摆的三根悬线相同且均布,运动规律是相同的,因此,取其中一根悬线来进行分析。

若悬线 AB 长度为 l,上圆盘悬点到转轴的垂直距离为 r,下圆盘悬点到转轴的垂直距离为 R(注意 R 和 r 并不一定是圆盘的半径)。O_1 点与 O_2 点的距离(两盘之间的垂直距离)为 H。对应角振幅 θ_0,设下圆盘沿着 O_1O_2 轴的上移高度为 h。则

$$h=O_2O_3=AC-AD=\frac{AC^2-AD^2}{AC+AD} \tag{7-5}$$

由图 7-1 所示的几何关系可知,

$$AC^2=AB^2-BC^2=l^2-(R-r)^2 \tag{7-6}$$

$$AD^2=AE^2-DE^2=l^2-(R^2+r^2-2Rr\cos\theta_0) \tag{7-7}$$

所以

$$h = \frac{2Rr(1-\cos\theta_0)}{H+(H-h)} = \frac{2Rr(1-\cos\theta_0)}{2H-h} \tag{7-8}$$

按三角函数的幂级数展开,则

$$\cos\theta_0 = 1 - \frac{\theta_0^2}{2} + \frac{\theta_0^4}{4} - \frac{\theta_0^6}{6} + \cdots\cdots \tag{7-9}$$

由于数值很小,故略去高阶项,则 $\cos\theta_0 \approx 1 - \frac{\theta_0^2}{2!}$。同时,$h \ll H$,$h$ 相对于 H 而言可近似忽略。则

$$h = \frac{Rr\theta_0^2}{2H} \tag{7-10}$$

由式(7-1)、式(7-4)、式(7-8)和式(7-10)可得

$$J_0 = \frac{mgRr}{4\pi^2 H}T_0^2 \tag{7-11}$$

若圆盘上放置一待测物体,其质量为 M,可得

$$J_1 = \frac{(M+m)gRr}{4\pi^2 H}T^2 \tag{7-12}$$

式中,T 为摆动周期。

待测物体对 O_1O_2 轴的转动惯量 J_M 为

$$J_M = J_1 - J_0 \tag{7-13}$$

由上式可知,各物体对同一转轴的转动惯量具有可叠加性,这是三线摆法的优点。

假设有一物体,其质量为 M_1,其质心位于 O_1O_2 轴上。测得 M_1 对 O_1O_2 轴的转动惯量为 J_2。现移动物体,使得其质心与 O_1O_2 轴的距离为 d。为不使下圆盘发生倾翻,用两个相同的物体(M_1 和 M_2)对称地布置在下圆盘上(两物体的距离为 $2d$)。此时,两物体对 O_1O_2 轴的转动惯量为 J_3。则由平行轴定理可知,$M_1 d^2 = J_3/2 - J_2$。

四、实验程序

(1)打开电子秤,调节并清零。测量下圆盘的质量 m。将被测构件摆放好,测量其质量 M。(预先确定好被测构件的重心位置,具体做法详见前面重心位置测量章节。)

(2)调整好三线摆,使得上圆盘和下圆盘均处于水平状态。

(3)开启霍尔传感器的电源,调整霍尔传感器探头的位置,使其恰好位于固定在下圆盘底面的小磁针正下方 10 mm 左右,此时霍尔传感器上的指示灯会亮起。

(4)用钢尺测量悬线长度、上圆盘与下圆盘的垂直距离。用游标卡尺测量上下圆盘的悬点至盘中心的距离。

(5)设置多功能计数计时仪。预先设定好将要记录的扭转摆动次数 N(例如 20 次),然后按 RESET 键复位。要注意一旦仪器计数计时开始,次数预置改变无效,需按 RESET 键复位后才有效。

(6)让下圆盘做扭转摆动。注意摆动角度一般不超过 5°。此时,多功能计数计时仪会记录扭转摆动 N 次时所用的总时间 t,则摆动周期 $T_0 = t/N$。重复测量 5 次,取平均值

计算。

(7)将被测物体放置到下圆盘上,使得其质心位于 O_1O_2 轴上。然后重复步骤(5)和步骤(6)。同理可得摆动周期 T。重复测量 5 次,取平均值计算。

(8)将测量结果代入前面的计算公式即可得到被测物体对 O_1O_2 轴的转动惯量。

(9)将单个物体 M_1 放置到下圆盘上,使得其质心位于 O_1O_2 轴上。并利用前述步骤测出其对 O_1O_2 轴的转动惯量 J_2。

(10)将两个相同的物体(M_1 和 M_2)对称布置于下圆盘上,要注意对称轴为 O_1O_2 轴。用游标卡尺测量出所测物体质心到 O_1O_2 轴的距离 d。并利用前述步骤测出其对 O_1O_2 轴的转动惯量 J_3。

(11)将上述测量结果代入前面的公式即可验证转动惯量的平行轴定理。

(12)关闭仪器,清理现场。

五、实验数据处理

(1)实验数据记录表(表 7-1)。

表 7-1　　　　　　　　　　　　实验数据记录表

项目名称	悬线长度 l/mm	上圆盘与下圆盘的垂直距离 H/mm	上圆盘的悬点至盘中心的距离 r/mm	下圆盘的悬点至盘中心的距离 R/mm
	下圆盘质量 m/g	圆环质量 M/g	单个圆柱体质量 M_1/g	平行轴距离 d/mm
摆动周期数 N				
总时间 t/s	第 1 次			
	第 2 次			
	第 3 次			
	第 4 次			
	第 5 次			
平均值/s				
平均周期 T/s				

(2)利用实验原理中的公式计算转动惯量,并验证平行轴定理。

六、思考讨论题

(1)为何测量过程要求扭转角不能过大?

(2)转动惯量在实际工程中有何用处?

7.2 基础型教学案例：受迫振动法测定单自由度系统固有频率及阻尼比实验

一、实验目的

(1)掌握受迫振动法测定系统的固有频率和阻尼比的方法。
(2)学会单自由度系统受迫振动的幅频特性曲线的绘制。
(3)根据幅频特性曲线确定系统的固有频率和阻尼比。

二、实验原理

工程中有大量构件在动载下工作。在外界激振力的作用下，这些构件会产生受迫振动。当外界激振力频率接近这些构件的固有频率时，会产生共振现象。

以单自由度系统为例，其力学模型如图 7-2 所示。在正弦激振力 F 作用下，单自由度系统会做简谐受迫振动。若系统质量为 M，系统线性阻尼系数为 C，系统弹性刚度为 k，系统固有振动角频率为 ω，激振力频率为 f，激振力振幅为 B，则系统的运动微分方程为

$$M\ddot{x}+C\dot{x}+kx=F \tag{7-14}$$

$$\ddot{x}+2n\dot{x}+\omega^2 x=\frac{F}{M} \tag{7-15}$$

$$\ddot{x}+2\xi\omega\dot{x}+\omega^2 x=\frac{F}{M} \tag{7-16}$$

式中，$n=C/(2M)$；ξ 为阻尼比，$\xi=n/\omega$；$\omega^2=k/M$；$F=B\sin(pt)=B\sin(2\pi ft)$；$p=2\pi f$。

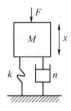

图 7-2 单自由度系统受迫振动力学模型

式(7-16)的解由齐次解和特解两部分组成。齐次解是一个指数衰减型的解，随着振动时间的延长将趋近于零。特解为

$$x=A\sin(pt-\varphi)=A\sin(2\pi ft-\varphi) \tag{7-17}$$

$$\left.\begin{array}{l}
A=\dfrac{B/M}{\sqrt{(\omega^2-p^2)^2+4n^2 p^2}}\\[3mm]
\dot{A}=\dfrac{Bp/M}{\sqrt{(\omega^2-p^2)^2+4n^2 p^2}}\\[3mm]
\ddot{A}=\dfrac{Bp^2/M}{\sqrt{(\omega^2-p^2)^2+4n^2 p^2}}
\end{array}\right\} \tag{7-18}$$

式中，A 为系统受迫振动的位移振幅，$\dot{A}$ 为系统受迫振动的速度振幅，$\ddot{A}$ 为系统受迫振动的加速度振幅，φ 为初相位。

式(7-18)为单自由度系统受迫振动的幅频特性方程,描述的是受迫振动振幅与外界激振力的频率及系统的固有频率 f_n 之间的关系。

若令 $dA/dp=0$,则得极大值频率(位移共振频率)$f_A = f_n \sqrt{1-2\xi^2}$

若令 $d\dot{A}/dp=0$,则得极大值频率(速度共振频率)$f_A = f_n$

若令 $d\ddot{A}/dp=0$,则得极大值频率(加速度共振频率)$f_{\ddot{A}} = f_n \sqrt{\dfrac{1}{1-\dfrac{n^2}{4\pi^2 f_n^2}}}$

在幅频特性曲线中,振幅最大时对应的频率为系统的共振频率。采用共振法测定共振频率时,应注意测量信号的选择,一般优先选择速度信号。当然,在小阻尼情况下,采用位移共振、速度共振或加速度共振测得的共振频率是近似相等的,此时测得的共振频率可作为系统的固有频率。

通常采用 0.707 法(又称为半功率点法)确定系统阻尼比 ξ,即

$$\xi = \frac{f_2 - f_1}{2f_0} \tag{7-19}$$

式中,f_0 为系统的共振频率,对应幅频特性曲线(选择位移幅频特性曲线、速度幅频特性曲线或加速度幅频特性曲线均可)中最大振幅的频率;f_1 为幅频特性曲线中 f_0 左侧对应最大振幅 0.707 倍位置的频率;f_2 为幅频特性曲线中 f_0 右侧对应最大振幅 0.707 倍位置的频率。如图 7-3 所示。

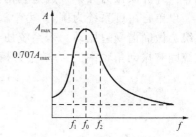

图 7-3　幅频特性曲线

三、实验仪器设备

(1)实验装置简图如图 7-4 所示。

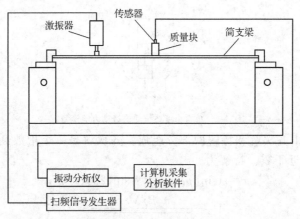

图 7-4　实验装置简图

(2)仪器设备:电磁式激振器、扫频信号发生器、速度传感器、振动分析仪及计算机采集分析软件、简支梁、质量块。

四、实验程序

(1)将钢材料简支梁安装到综合实验台的两个支点上,并使其牢固固定,并安装质

量块。

（2）将速度传感器置于简支梁上，其输出端接振动分析仪，用以测量质量块的振动幅值。

（3）将电磁式激振器安装到简支梁上，并与激振信号发生器相连接。开启激振信号发生器，对简支梁系统施加正弦激振力，使系统产生振动。

（4）将激振频率由低到高逐渐增加，同时观察振幅值，当振幅达到极值时，此时的频率即为系统的固有频率。

（5）以系统的固有频率为基点，分别在小于固有频率和大于固有频率方向各选取5～6个测点，注意在靠近固有频率处应适当将频率间隔降低，将各激振频率 f 及相应的振幅 A 分别测读，记录到表 7-2 中。

（6）实验结束，关闭电源，清理现场。

五、实验数据处理

（1）依据表 7-2 中数据绘制系统的受迫振动幅频特性曲线。

（2）确定系统的固有频率。

（3）计算系统的阻尼比。

表 7-2　　　　　　　　　　　　　　数据记录表

序号	1	2	3	4	5	6	7	8	9	10	11
频率/Hz											
振幅/(mm/s)											

六、思考讨论题

（1）举出系统受迫振动的工程实例，说明其运动规律和响应特性。

（2）分析讨论材料的阻尼是由什么引起的。

7.3　基础型教学案例：自由衰减振动法测定
单自由度系统固有频率及阻尼比实验

一、实验目的

（1）掌握自由衰减振动法测定单自由度系统固有频率及阻尼比。

（2）学会单自由度系统自由衰减曲线的绘制。

二、实验原理

受到外部激振作用的单自由度系统，在去除激振力后，系统将会自由振动。若存在明显阻尼作用，系统将会做自由衰减振动，其力学模型如图 7-5 所示，运动微分方程为

$$M\ddot{x} + C\dot{x} + kx = 0 \qquad (7-20)$$

或改写为

图 7-5　单自由度系统
自由衰减振动力学模型

$$\ddot{x} + 2n\dot{x} + \omega^2 x = 0 \qquad (7-21)$$

式中,ω 为单自由度系统固有角频率,$\omega^2 = k/M$;n 为衰减系数,$n = C/2M$。

其通解为

$$x = Be^{-nt}\sin(\omega_n t + \varphi) \qquad (7\text{-}22)$$

式中,Be^{-nt} 为自由振动的幅值;ω_n 为有阻尼的自振频率,$\omega_n = \sqrt{\omega^2 - n^2} = \omega\sqrt{1-\xi^2}$;$\varphi$ 为初相位;ξ 为阻尼比,$\xi = n/\omega$;T_n 为有阻尼振动的周期,$T_n = 2\pi/\omega_n$。

通常 $\xi \ll 1$,所以 $\omega_n \approx \omega$。若 B_n 表示 t_n 时刻的振幅,B_{n+1} 表示经过一个周期后的振幅,即 $t_{n+1} = t_n + T_n$。由式(7-22)得

$$B_n = Be^{-nt_n} \qquad (7\text{-}23)$$

$$B_{n+1} = Be^{-n(t_n + T_n)} \qquad (7\text{-}24)$$

$$B_n/B_{n+1} = e^{nT_n} \qquad (7\text{-}25)$$

若令 $nT_n = \lambda$,则 $\lambda = \ln\dfrac{B_n}{B_{n+1}}$,$n = \lambda/T_n$。

由此可见,有阻尼的自由振动呈指数递减,且任意两振幅间比值为一常数。

阻尼比 $\xi = \dfrac{n}{\omega} = \dfrac{\lambda}{\omega T_n} = \dfrac{\lambda}{2\pi}\left(\dfrac{\omega_n}{\omega}\right)$。由于 $\omega_n \approx \omega$,因此 $\xi = \dfrac{\lambda}{2\pi}$。

为提升测量结果的精确度,一般需要测量 N 个周期下的位移振幅 B_n 和 B_{n+N}、速度振幅 $\dot{B}_n$ 和 $\dot{B}_{n+N}$ 或加速度振幅 $\ddot{B}_n$ 和 $\ddot{B}_{n+N}$。阻尼比的计算公式为

$$\left.\begin{aligned}\xi &= \frac{1}{2\pi N}\ln\frac{B_n}{B_{n+N}} \\[4pt] \xi &= \frac{1}{2\pi N}\ln\frac{\dot{B}_n}{\dot{B}_{n+N}} \\[4pt] \xi &= \frac{1}{2\pi N}\ln\frac{\ddot{B}_n}{\ddot{B}_{n+N}}\end{aligned}\right\} \qquad (7\text{-}26)$$

图 7-6 是典型单自由度系统自由衰减振动时间历程曲线。取曲线同一方向的第 n 个和第 $n+N$ 个峰值,自由衰减振动的周期为

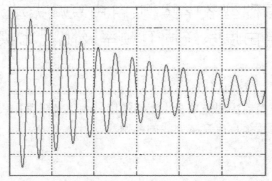

图 7-6　典型单自由度系统自由衰减振动时间历程曲线
注:曲线的纵轴为振幅,曲线的横轴为时间

$$T_n = t/N \qquad (7\text{-}27)$$

式中,t 为第 n 个和第 $n+N$ 个峰值之间所用的时间。

则系统的固有频率 $f_0 = 1/T_n$。

三、实验仪器设备

(1)实验装置如图7-7所示。

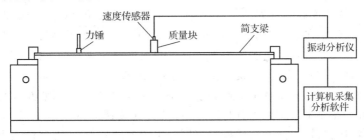

图 7-7   实验装置简图

(2)仪器设备:力锤、速度传感器、振动分析仪及计算机采集分析软件、简支梁、质量块。

四、实验程序

(1)将钢简支梁安装到综合实验台上,将其固定好,并安装质量块。

(2)将速度传感器置于质量块上,其输出端接入振动分析仪,打开计算机,进入数据采集与处理系统界面,设置好相关参数。

(3)触发采样。脉冲锤轻微敲击一下简支梁,给系统一个脉冲信号,系统的响应是一个自由衰减的正弦波形。

(4)取出一段有效波形,记录自由衰减振动过程中的相关数据。

(5)实验结束,关闭电源,清理现场。

五、实验数据处理

测量结果记录见表7-3。

表 7-3　　　　　　　　　　　　　数据记录表

第 n 个幅值 B_n	第 $n+N$ 个幅值 B_{n+N}	周期数 N	周期 T_n	阻尼比 ξ	固有频率 f_0

六、思考讨论题

(1)自由衰减法与受迫振动法的测量原理有何不同?

(2)自由衰减法测固有频率及阻尼比的适用范围是什么?

7.4　基础型教学案例:二、三自由度系统各阶固有频率及主振型的测定实验

一、实验目的

(1)学会用共振法测定二自由度系统和三自由度系统的各阶固有频率。

(2)观察二自由度系统和三自由度系统的各阶主振型。

二、实验原理

1. 二自由度系统

二自由度系统的实验装置如图 7-10 所示。钢丝绳长度 $L = 0.625$ m，两质量块 m_1、m_2 等间距分布并固定在钢丝绳上，$m_1 = m_2 = m = 3.9$ g，钢丝绳张力为 T。忽略钢丝绳的质量和阻尼作用，得到二自由度系统模型。该二自由度系统具有两个固有频率，有两个相应的主振型。当给一激振力时，系统将发生受迫振动，振型为两个主振型的叠加。当激振频率为某阶固有频率时，该阶频率对应的主振型将在振动中占主导地位，而另一阶振型可忽略不计。因此，在测定系统的固有频率时，可通过连续调节激振频率，使系统出现某阶振型且使其振幅达到最大，此时的激振频率即为系统的固有频率，此时的振型即为该固有频率下的主振型。

理论上，二自由度系统的固有频率为

一阶固有角频率：$\omega_1^2 = \dfrac{3T}{mL}$；固有频率：$f_1 = \dfrac{1.732}{2\pi}\sqrt{\dfrac{T}{mL}}$；主振型为 $A_{(1)} = \begin{pmatrix} 1 \\ 1 \end{pmatrix}$

二阶固有角频率：$\omega_2^2 = \dfrac{9T}{mL}$；固有频率：$f_2 = \dfrac{3}{2\pi}\sqrt{\dfrac{T}{mL}}$；主振型为 $A_{(2)} = \begin{pmatrix} 1 \\ -1 \end{pmatrix}$

各阶主振型如图 7-8 所示：

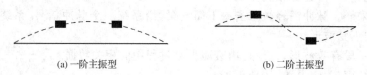

(a) 一阶主振型　　　　　　　　　　(b) 二阶主振型

图 7-8　二自由度系统主振型

2. 三自由度系统

三自由度系统的实验装置如图 7-11 所示。钢丝绳长度 $L = 0.625$ m，三质量块 m_1、m_2、m_3 等间距分布并固定在钢丝绳上，$m_1 = m_2 = m_3 = m = 3.9$ g，钢丝绳张力为 T。忽略钢丝绳的质量和阻尼作用，得到一个三自由度系统模型。该三自由度系统具有三个固有频率，有三个相应的主振型。当给一激振力时，系统将发生受迫振动，振型为三个主振型的叠加。当激振频率为某阶固有频率时，该阶频率对应的主振型将在振动中占主导地位，而另两阶振型可以忽略不计。因此，在测定系统的固有频率时，可通过连续调节激振频率，使系统出现某阶振型且使其振幅达到最大，此时的激振频率即为系统的固有频率，此时的振型即为该固有频率下的主振型。

理论上，三自由度系统的固有频率为

一阶固有角频率：$\omega_1^2 = \dfrac{2.343T}{mL}$；固有频率：$f_1 = \dfrac{1.531}{2\pi}\sqrt{\dfrac{T}{mL}}$；主振型为 $A_{(1)} = \begin{pmatrix} 1 & \sqrt{2} & 1 \end{pmatrix}^{\mathrm{T}}$

二阶固有角频率：$\omega_2^2 = \dfrac{8T}{mL}$；固有频率：$f_2 = \dfrac{2.828}{2\pi}\sqrt{\dfrac{T}{mL}}$；主振型为 $A_{(2)} = \begin{pmatrix} 1 & 0 & -1 \end{pmatrix}^{\mathrm{T}}$

三阶固有角频率：$\omega_3^2 = \dfrac{13.656T}{mL}$；固有频率：$f_3 = \dfrac{3.695}{2\pi}\sqrt{\dfrac{T}{mL}}$；主振型为 $A_{(3)} = \begin{pmatrix} 1 & -\sqrt{2} & 1 \end{pmatrix}^{\mathrm{T}}$

各阶主振型如图 7-9 所示。

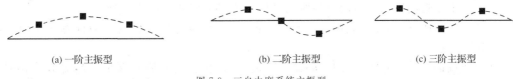

(a) 一阶主振型　　　　　　　(b) 二阶主振型　　　　　　　(c) 三阶主振型

图 7-9　三自由度系统主振型

三、实验仪器设备

实验仪器设备如图 7-10、图 7-11 所示。

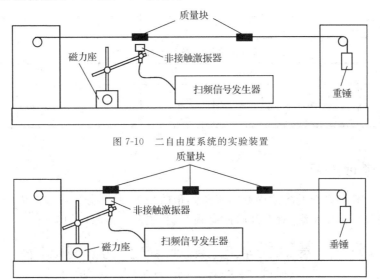

图 7-10　二自由度系统的实验装置

图 7-11　三自由度系统的实验装置

四、实验程序

（1）将二自由度绳索安装到振动实验台上，用重锤调整张力 T（不同张力下测得的频率不等），组成二自由度振动系统。

（2）把非接触式激振器与激振信号源连接，把激振器对准钢质量块 m_1 或 m_2，保持 15 mm 左右的间隙。

（3）开启扫频信号发生器，施加正弦激振力，使系统振动。信号源频率由低到高匀速扫描，仔细观察，当系统出现一阶振型且振幅最大时，信号发生器显示的频率为一阶固有频率，同理可得到二阶固有频率。（注意：在调整过程中，注意信号发生器的输出电流不要过载。）

（4）将三自由度绳索安装到振动实验台上，重复（2）、（3）步骤，可得三自由度系统的各阶固有频率。

（5）实验完成以后，关闭仪器电源，拆下试样，清理现场。

五、数据处理

（1）把二自由度系统各阶固有频率测量值填入表 7-4 中。

（2）把三自由度系统各阶固有频率测量值填入表 7-5 中。

(3)绘出二自由度和三自由度系统的各阶固有频率对应下的主振型。

(4)当重锤质量已知时,利用实验原理中的公式,依据重锤提供的张力计算各阶固有频率的理论值。

(5)当重锤质量未知时,利用实验原理中的公式,依据各阶固有频率的实测值计算钢丝绳的张力。

表 7-4　　　　　　　　　　　二自由度系统各阶固有频率

弦丝张力/N			
理论值/Hz			
测量值/Hz			

表 7-5　　　　　　　　　　　三自由度系统各阶固有频率

弦丝张力/N		
理论值/Hz		
测量值/Hz		

六、思考讨论题

(1)理论计算各系统的各阶固有频率与测量值是否一致,分析误差产生的原因。

(2)若为五自由度系统,会有几阶固有频率,其主振型是怎样的?

7.5 基础型教学案例:基于利萨如图形法测定简谐振动频率的实验

一、实验目的

(1)了解利萨如图(Lissajous-Figure)的物理含义。

(2)学会用利萨如图形法测定简谐振动的频率。

二、实验原理

利萨如图是把两个传感器测得的信号进行合成得到的图形,其中一个信号作为 X 轴,另一个信号作为 Y 轴(与 X 轴垂直)。纳撒尼尔·鲍迪奇在 1815 年首先研究这些图形,朱尔·利萨如在 1857 年进行了更加详细的研究。因此,利萨如图也称为鲍迪奇(Bowditch)曲线。

不同频率的振动波形沿互相垂直的方向输入并进行合成,通常合成波形显示为杂乱的图形。但当两个振动的频率的比值为整数时,合成波形就会显示为规则的图形。

假定存在两个振动方向互相垂直的简谐振动,其振动波形方程分别为

$$x = A_1 \cos(\omega_1 t + \varphi_1) \tag{7-28}$$

$$y = A_2 \cos(\omega_2 t + \varphi_2) \tag{7-29}$$

那么,其合成的波形方程为

$$\frac{x^2}{A_1^2} + \frac{y^2}{A_2^2} - \frac{2xy}{A_1 \cdot A_2} \cos(\varphi_2 - \varphi_1) = \sin^2(\varphi_2 - \varphi_1) \tag{7-30}$$

其中，$\omega_1 = 2\pi f_1$；$\omega_2 = 2\pi f_2$。

如果 $\omega_1 = \omega_2$，$\varphi_2 = \varphi_1$，则有 $x/y = A_1/A_2$。此时，合成波形显示为一条直线，并且此直线会通过坐标原点，直线的斜率为两个振幅之比（A_2/A_1）。

若 $\omega_1 = \omega_2$，$\varphi_2 - \varphi_1 = \varphi$，$A_1 = A_2$，则有

$$x^2 - 2xy\cos\varphi + y^2 = A_1^2\sin^2\varphi \tag{7-31}$$

当 $\varphi = 0$ 时，上式简化为：$(x-y)^2 = 0$，此时合成波形显示为一直线。

当 $\varphi = 45°$ 时，上式简化为：$x^2 - \sqrt{2}xy + y^2 = A_1^2/2$，此时合成波形显示为一椭圆。

当 $\varphi = 90°$ 时，上式简化为：$x^2 + y^2 = A_1^2$，此时合成波形显示为一圆形。

当 $\varphi = 135°$ 时，上式简化为：$x^2 + \sqrt{2}xy + y^2 = A_1^2/2$，此时合成波形显示为一椭圆。

当 $\varphi = 180°$ 时，上式简化为：$(x+y)^2 = 0$，此时合成波形显示为一直线。

当 $\varphi_2 - \varphi_1 = \varphi$，$A_1 = A_2$，$\omega_1$ 与 ω_2 之比为 $1:1$、$2:1$、$3:1$，且 $\varphi = 0$，$\varphi = 45°$，$\varphi = 90°$，$\varphi = 135°$，$\varphi = 180°$，$\varphi = 225°$，$\varphi = 270°$，$\varphi = 315°$ 时，利萨如图形如图 7-12 所示。

当 ω_1 是 ω_2 的任意倍，且 $A_1 \neq A_2$ 时，合成波形比较杂乱。

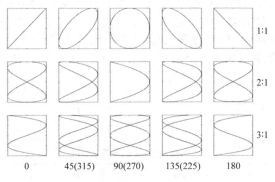

图 7-12　利萨如图形

三、实验仪器装置

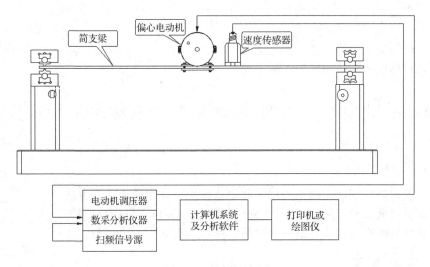

图 7-13　实验装置框图

四、实验程序

（1）把偏心电动机安装在简支梁中部。选定电动机转速（代表受迫振动频率）。实验过程中电动机转速要保持恒定。

（2）将扫频信号源的信号输出端连接到采集分析仪的第 1 通道。把速度传感器布置在偏心电动机附近的横梁上。将速度传感器连接到采集分析仪的第 2 通道。

（3）打开采集分析仪（本案例以 DH5923 为例，下同）电源，打开采集分析软件（本案例以 DHDAS 软件为例，下同），连接成功后，进入软件新建一文件。在"测量/参数设置"界面中，设置采样频率（为确保采集信号的幅值不失真，通常取所采信号频率的 10～20 倍）、通道量程范围（为得到较高信噪比，通常取所采信号幅值的 1.5 倍）、传感器灵敏度、工程单位等参数。在"测量/图形区设计"界面选择"XY 记录仪"。设定 X 轴对应第 1 通道，Y 轴对应第 2 通道。返回"测量"界面，开始采集数据。

（4）开启扫频信号源，选择正弦定频，调节输出频率 f_x，同时观察 XY 记录仪窗口显示的图形。当显示屏上出现一直线、椭圆或正圆时，停止输出频率的调节，此时，扫频信号源的输出频率 f_x 等于简支梁系统受迫振动的频率 f_y。

（5）再新建一文件，将扫频信号源的输出频率调节为 $2f_y$（2 倍的受迫振动频率）和 $3f_y$（3 倍的受迫振动频率），观察并记录显示屏上的图形。

（6）改变电动机转速，重复以上步骤。

五、实验数据处理

实验结果记录表见表 7-6。

表 7-6　　　　　　　　实验结果记录表

简谐振动频率/Hz		$f_y=$	
周期信号频率	$f_x= f_y$	$f_x=2f_y$	$f_x=3f_y$
利萨如图形样式			

六、思考讨论题

（1）利萨如图有何物理意义？
（2）试举例说明利萨如图的实际应用？

7.6 基础型教学案例：振动系统固有频率的测定实验

一、实验目的

（1）掌握幅值判别法与相位判别法测定系统固有频率的原理与方法。
（2）掌握频响函数判别法（传函判别法）测定系统固有频率的原理与方法。
（3）掌握自由衰减振动自谱分析法测定系统固有频率的原理与方法。

二、实验原理

测定振动系统固有频率的常用方法有两种：一种是用简谐力激振引起系统共振，从而找到系统的各阶固有频率;另一种是锤击法,即用冲击力激振,将输入的力信号与输出的响应信号进行传函分析,从而得到各阶固有频率。

简谐力作用下的单自由度振动系统的受迫振动方程为

$$M\ddot{x}+C\dot{x}+kx=B\sin pt \tag{7-32}$$

上述方程式的解可表达为 x_1+x_2。其中

$$x_1=e^{-nt}(c_1\cos \omega_n t+c_2\sin \omega_n t) \tag{7-33}$$

$$x_2=A\sin(pt-\varphi) \tag{7-34}$$

$$A=\frac{B/M}{\sqrt{(\omega^2-p^2)^2+4n^2p^2}} \tag{7-35}$$

$$\tan \varphi=\frac{2np}{\omega^2-p^2} \tag{7-36}$$

式中,$\omega_n=\omega\sqrt{1-\xi^2}$;$\omega^2=k/M$;$\xi$ 为阻尼比;$n=\xi\omega$;c_1、c_2 常数由初始条件决定。

x_1 为阻尼自由振动项;x_2 为阻尼受迫振动项。

由于阻尼的存在,自由振动项 x_1 随时间的延长而不断地衰减并最终趋近于零。这样就只剩下受迫振动项 x_2。

设频率比 $\lambda=p/\omega$,把 $n=\xi\omega$ 代入上述公式,则有

$$A=\frac{B/k}{\sqrt{(1-\lambda^2)^2+4\xi^2\lambda^2}} \tag{7-37}$$

$$\varphi=\arctan \frac{2\xi\lambda}{1-\lambda^2} \tag{7-38}$$

式中,B/k 为相当于在激振力振幅 B 作用下引起的系统的静变位。

振幅 A 可写成

$$A=\frac{B/k}{\sqrt{(1-\lambda^2)^2+4\xi^2\lambda^2}}=\beta B/k \tag{7-39}$$

$$\beta=\frac{1}{\sqrt{(1-\lambda^2)^2+4\xi^2\lambda^2}} \tag{7-40}$$

式中,β 称为动力放大系数。

动力放大系数 β 是受迫振动时的动力系数(动幅值与静幅值之比),其对单自由度系统或拾振器的振动研究非常重要。

若 $\lambda=1$,即受迫振动频率与系统固有频率相等,此时动力系数会迅速增大,引起系统共振。系统共振时,其振幅与相位都会有显著变化。通过对系统振幅或相位的观察,就可以判别系统是否处于共振状态,从而可以确定出系统的各阶共振频率。

1.幅值判别法

保持激振功率不变,从低到高依次调节激振频率,记录系统振动的幅值,若在某一频率下的振动量(位移、速度、加速度)的幅值迅速增大,此时的激振频率对应的就是振动系统的某阶固有频率。幅值判别法简单易行。但在阻尼较大的情况下,采用不同类型的振动量(位移、速度、加速度)测量出的共振频率会有些差别。同时不同类型的振动量对振幅变化的敏感程度亦不同,这样就会导致一种类型的传感器对某阶频率可能不够敏感。

2.相位判别法

相位判别法是基于共振时特殊的相位值以及共振前后相位变化规律而归纳总结出来

的一种共振识别法。简谐力激振时,用相位判别法来判定是否共振是一种较为敏感的方法,并且共振时对应的频率即为系统的无阻尼固有频率,其不受阻尼因素的影响。

相位判别法又分为位移判别法、速度判别法与加速度判别法。

假定激振力波形为 $F = B\sin pt$,振动系统的位移波形为 $x = A\sin(pt - \varphi)$,振动系统的速度波形为 $\dot{x} = pA\cos(pt - \varphi)$,振动系统的加速度波形为 $\ddot{x} = -\omega^2 A\sin(pt - \varphi)$。

(1)位移判别法

用采集分析仪的第1通道(设为 X 轴)采集激振力信号 $= B\sin pt$。用采集分析仪的第2通道(设为 Y 轴)采集位移信号 $x = A\sin(pt - \varphi)$。共振时,$p = \omega$,$\varphi = \pi/2$,X 轴信号与 Y 轴信号的相位差为 $\pi/2$,由利萨如图形的原理可知,合成的图形将是一个正椭圆。当 p 略大于 ω 或略小于 ω 时,合成图形都将会由正椭圆变为斜椭圆,其变化过程如图 7-14 所示。因此,合成图形由斜椭圆变为正椭圆时对应的激振频率即为振动系统的固有频率。

$p<\omega$ $p=\omega$ $p>\omega$

图 7-14　用位移判别法来判别共振的利萨如图

(2)速度判别法

用采集分析仪的第1通道(设为 X 轴)采集激振力信号 $= B\sin pt$。用采集分析仪的第2通道(设为 Y 轴)采集速度信号 $\dot{x} = pA\cos(pt - \varphi) = pA\sin(pt + \pi/2 - \varphi)$。共振时,$p = \omega$,$\varphi = \pi/2$,$X$ 轴信号与 Y 轴信号的相位差为 0,由利萨如图形的原理可知,合成的图形将是一条直线。当 p 略大于 ω 或略小于 ω 时,合成图形都将会由直线变为斜椭圆,其变化过程如图 7-15 所示。因此,合成图形由斜椭圆变为直线时对应的激振频率即为振动系统的固有频率。

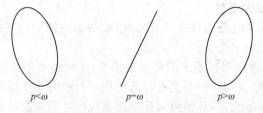

$p<\omega$ $p=\omega$ $p>\omega$

图 7-15　用速度判别法来判别共振的利萨如图

(3)加速度判别法

用采集分析仪的第1通道(设为 X 轴)采集激振力信号 $= B\sin pt$。用采集分析仪的第2通道(设为 Y 轴)采集加速度信号 $\ddot{x} = -\omega^2 A\sin(pt - \varphi) = \omega^2 A\sin(pt + \pi - \varphi)$。共振时,$p = \omega$,$\varphi = \pi/2$,$X$ 轴信号与 Y 轴信号的相位差为 $\pi/2$,由利萨如图形的原理可知,合成的图形将是一个正椭圆。当 p 略大于 ω 或略小于 ω 时,合成图形都将会由正椭圆变为斜椭圆,其变化过程如图 7-16 所示。因此,合成图形由斜椭圆变为正椭圆时对应的激振频率即为振动系统的固有频率。

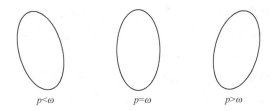

图 7-16　用加速度判别法来判别共振的利萨如图

3. 频响函数判别法(传函判别法;动力放大系数判别法)

用已知的激振力且以可控的方式来激振某一线性振动系统,同时测量输入信号与输出信号,通过传函分析,即可得到该系统的固有频率。

响应与激振力之间的关系可用导纳 D 表示,即

$$D = \frac{1/k}{\sqrt{(1-\lambda^2)^2 + 4\xi^2\lambda^2}} e^{j\varphi} \tag{7-41}$$

D 的物理意义:幅值为 1 的激振力所产生的响应。分析导纳 D 与激振力的关系,就可得到振动系统的频响特性曲线。系统共振时,导纳值会迅速增大,从而可以识别各阶共振频率。

4. 自谱分析法

若某一系统在做自由衰减振动,振动信号覆盖了各阶频率成分,时域波形反映的是各阶频率下自由衰减振动波形的线性叠加,通过对时域波形做 FFT 变换就可以得到其频谱图,频谱图中各峰值处对应的频率即为系统的各阶固有频率。

三、实验程序

1. 幅值判别法

实验装置如图 7-17 所示。

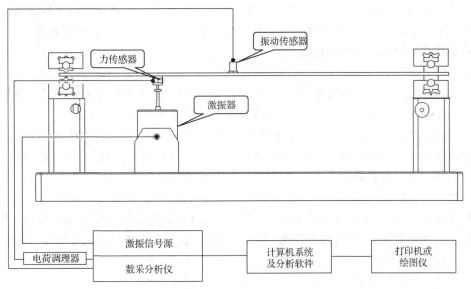

图 7-17　实验装置简图

（1）把激振器固定到实验台上。在简支梁上安装力传感器，将激振器与力传感器紧固连接。把激振器的信号输入端连到扫频信号源上。把加速度传感器固定到简支梁上。加速度传感器连接到采集分析仪的第1通道。

（2）打开采集分析仪电源，打开采集分析软件，连接成功后，进入软件新建一个文件。在"测量/参数设置"界面中，设置采样频率、通道量程范围、加速度传感器的灵敏度、工程单位等参数。加速度传感器的输入方式为 IEPE。进入"图形区设计/记录仪"界面，选中第1通道（加速度信号）。在"测量"界面下，单击"平衡清零"按钮，开始采集数据。

（3）开启扫频信号源，选择正弦定频，调节频率为 1 Hz，按下"开始"按钮，固定一个输出电压，从 1 Hz 开始手动增大调节输出频率，观察"记录仪"窗口中加速度曲线的变化情况，当加速度达到极值时（此时应处于共振状态），停止调节输出频率。在阻尼很小的情况下，此时的输出频率可认为是简支梁的固有频率。继续增大输出频率，重复上述操作可得简支梁的高阶振动频率。

2. 相位判别法

实验装置如图 7-17 所示。

（1）将激振器的信号输出端连接到电荷调理器上，再将电荷调理器连接到采集分析仪的第1通道（设为 X 轴），把加速度传感器连接到采集分析仪的第2通道（设为 Y 轴）。加速度传感器固定到简支梁长度的 1/3 处。

（2）打开采集分析仪电源，打开采集分析软件，连接成功后，进入软件新建一文件。在"测量/参数设置"界面中，设置采样频率、通道量程范围、力传感器、加速度传感器的灵敏度、工程单位等参数，力传感器输入方式为 AC，加速度传感器的输入方式为 IEPE。进入"图形区设计"界面，选择"XY记录仪"，利用利萨如图显示两通道的合成图形。

（3）调节信号源的输出频率，观察合成图形的变化情况，根据共振时各振动量的相位判别原理来确定简支梁的各阶固有频率。

（4）调节信号源的输出电压（相当于改变激振力的大小），从而改变加速度传感器的输出幅值大小。重复上述步骤，观察简支梁的固有频率会否因电压的变化而变化。

3. 频响函数（传递函数）判别法

实验装置如图 7-18 所示。

（1）把力锤（已安装力传感器）的输出端连接到采集分析仪的第1通道。把速度传感器固定到简支梁长度的 1/4 处，速度传感器连接到采集分析仪的第2通道。

（2）打开采集分析仪电源，打开采集分析软件，连接成功后，进入软件新建一文件。在"测量/参数设置"界面中，设置采样频率（2 kHz）、通道量程范围、传感器的灵敏度、工程单位等参数。速度传感器的输入方式为 AC，力传感器的输入方式为 IEPE。（备注：对电荷输出型力传感器，单独使用时，需要先接入电荷调理器，然后再接入采集分析仪。力传感器与力锤组合后，由于力锤内置有 IEPE 转换器，因此力锤的输出信号为电压，软件中输入方式要选择 IEPE。同时需要注意力锤的灵敏度，检验证书上给出的分别是力传感器与 IEPE 转换的灵敏度，将两个值相乘后得到的才是力锤的灵敏度，单位：mV/N。）

进入"存储规则"界面，将存储方式选择为连续存储。

进入"信号处理"界面，选择"频响分析"，单击"新建"按钮，进行频响分析的参数设置：

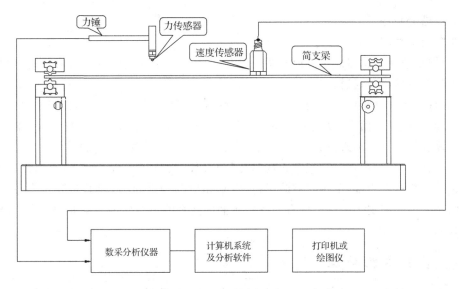

图 7-18 实验装置简图

储存方式选择"触发"(频响分析是软件的一个功能模块,该处选择触发,表示从连续采集的原始数据中获取满足触发条件的数据);触发方式默认为"信号触发";触发通道选择力锤所接入的通道;触发量级可选择"10％"(表示当系统测得力锤敲击的力信号大于所设置量程的 10％时,频响分析达到触发条件,从而获取数据。通常需多次预试,最终选择合适的力信号量程);延迟点数选择"负延迟 200 点";分析点数设为"2048"(其大小会影响频响曲线中的频率分辨率);平均方式选择"线性平均"。平均次数设为 10 次(表示取 10 次频响数据进行平均处理得到该测点最终的频响曲线。通常平均次数越多,频响曲线的预期越好);频响类型选择"H1";数据过滤规则选择"手动确认/滤除"。

输入通道添加为:第 1 通道;测点号:1;方向为 Z+。

输出通道添加为:第 2 通道;测点号:2;方向为 Z+。

设置完毕进入测量界面。

(3)进入"图形区设计"界面,选择"2D 图谱"。返回"测量"界面。在软件右侧的频响分析中选择"频响"。

用力锤敲击简支梁中部,即可观察到力信号、速度信号的时域波形及相应的频响曲线,同时系统会提示是否保存数据,表明已完成一次信号触发。若敲击后没有出现提示,表明敲击力度不够,系统未能进行信号触发采集,需要加大敲击力度。单击"是"后,系统进入第二次等待触发的状态,继续敲击并获得第二次触发的频响曲线。如此重复,直至系统完成 10 次(因为前面平均次数设置为 10 次)信号触发采集后即完成该频响曲线的采集。频响曲线的第一个峰值对应的频率即为简支梁的一阶固有频率。后面的几个峰值对应的频率依次为简支梁的高阶频率。

需要特别注意的是力锤敲击简支梁时要干净利落,不能造成多次连击,否则会导致频响曲线变差。

4. 自谱分析法

实验装置如图 7-18 所示。

(1)把加速度传感器固定到简支梁长度的 1/3 处。加速度传感器的信号输出端连接到采集分析仪的第 1 通道。

(2)打开采集分析仪电源,打开采集分析软件,连接成功后,进入软件新建一文件。在"测量/参数设置"界面中,设置采样频率、通道量程范围、传感器的灵敏度、工程单位等参数。加速度传感器的输入方式为 IEPE。完成设置后,进入"测量"界面。

(3)在"测量"界面,选择"频谱布局",在"记录仪"与"FFT"窗口中,均选择第 1 通道,用力锤敲击简支梁中部,采集时域波形,并得到相应的频谱曲线,频谱曲线的第一个峰值对应的频率即为简支梁的一阶固有频率。后面的几个峰值对应的频率即为简支梁的高阶固有频率。

四、实验数据处理

把基于各种方法测得的固有频率记录到表 7-7 中,并对结果进行比较。

表 7-7 实验数据记录表

测试方法		第一阶固有频率/Hz	第二阶固有频率/Hz	第三阶固有频率/Hz
幅值判别法				
相位判别法	位移判别			
	速度判别			
	加速度判别			
频响函数判别法				
自谱分析判别法				

五、思考讨论题

(1)测定系统固有频率的方法有哪些? 分别采用什么原理?

(2)采用何种方法测定系统固有频率时可以不用考虑阻尼的影响?

7.7 拓展型教学案例:索力测量实验

一、实验目的

(1)了解索力测量的原理。

(2)掌握索力测量的方法。

二、实验仪器装置

实验装置如图 7-19 所示。

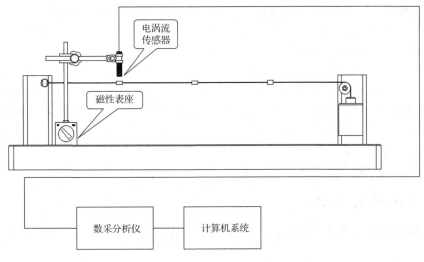

图 7-19 实验装置简图

三、实验原理

拉索是斜拉桥与悬索桥的重要承重构件,拉索提供的拉力大小直接决定着成桥的质量。因此,在桥的施工期间,需要测量并调整拉索的拉力,以确保桥塔与桥梁的受力符合设计要求。在桥的正常运营期间,也需要定期监测索力的变化,一旦超出设计要求,需要及时调整索力的大小,使之始终处于设计要求的状态。因此,无论是在施工期间还是在正常运营期间,均需准确的测得索力的大小。

目前,频率法是测量斜拉桥索力的常用方法。通常假定拉索的边界条件为两端固定,拉索的质量均匀分布,此时索力的计算公式为

$$T = \frac{4ML^2}{n^2} f_n^2 \tag{7-42}$$

式中,T 为拉索的拉力,N;M 为拉索单位长度的质量,kg/m;L 为拉索的长度,m;f_n 为第 n 阶固有频率。

在本教学案例中,采用钢丝来模拟索力的测量过程。钢丝的质量可忽略不计。在钢丝长度方向上等间距固定两个或三个集中质量块,且质量块的质量都是 m。

激励质量块,使其产生自由衰减振动,测定其各阶固有频率,此时索力的计算公式为

两个均布等质量块时:$T = \dfrac{4\pi^2 mL}{3 \times (2n-1)} f_n^2 \ (n=1,2)$

三个均布等质量块时:$T = \dfrac{\pi^2 mL}{2+\sqrt{2}\,(n-2)} f_n^2 \ (n=1,2,3)$

式中,m 为小质量块质量,kg;L 为钢丝两支承端间距,m;n 为固有频率阶数。

四、实验程序

(1)组装实验系统,如图 7-19 所示。电涡流位移传感器安装在某一质量块上面,保留 2 mm 左右的间隙。电涡流传感器的输出端连接到采集分析仪的第 1 通道。

(2)打开采集分析仪电源,打开采集分析软件,连接成功后,进入软件新建一文件。在"测量/参数设置"界面中,设置采样频率、通道的量程范围、传感器灵敏度、工程单位等参数,进入"测量"界面,选中"记录仪"窗口,选择第 1 通道。进行平衡清零后,开始采集数据。

(3)选择"频谱布局",在"FFT"窗口,选择第 1 通道,选择平均谱,在垂直方向用手抓住质量块,使质量块略微离开其平衡位置,松手后,系统会做自由衰减振动。此时在 FFT 窗口会出现一条频谱曲线,该频谱曲线上会有三个峰值,峰值对应的频率 f_1、f_2、f_3 分别为钢索的前三阶固有频率。

(4) 改变配重块质量,重复以上步骤。

五、实验数据处理

记录拉索的前三阶固有频率 f_1、f_2、f_3,并根据相应的公式计算索力值。实验数据记录表见表 7-8。

表 7-8   实验数据记录表

配重质量/kg	试验次数	测试频率 /Hz	小质量块质量/g	支承钢丝长度/m	索力/N

六、思考讨论题

(1)频率法测索力的基本原理是什么?
(2)索力测量的常用方法有哪些?

7.8   拓展型教学案例:基于测力法测定简支梁模态的实验

一、实验目的

(1)掌握测力法(锤击法)模态分析原理。
(2)掌握测力法(锤击法)模态测试及分析方法。

二、实验仪器装置

如图 7-18 所示。仅需将图中的速度传感器更换为加速度传感器即可。

三、实验原理

（1）模态实验及其应用

进行结构动力学分析时，常把复杂的结构简化为模态模型，然后再进行参数识别，这样处理可以大大简化数学运算。而要想使模态模型成为结构的最佳描述，往往需要借助模态实验来确定或校准预设的模型参数。

基于模态实验，可测得结构的固有频率、模态振型、模态阻尼、模态质量及模态刚度等参数，这些参数可用于指导有限元理论模型的修正、灵敏度分析、反问题的计算、响应计算、载荷识别等。

（2）模态分析的基本原理

结构通常可被看作连续弹性体，其质量与刚度具有分析的性质。只有掌握构成结构的无限多个点在任一瞬时的运动情况，才可全面的描述结构的振动。因此，理论上结构皆属于无限多自由度系统，需要用连续模型才可描述。但实际上无法做到。通常采用简化为有限自由度的模型来进行分析，即将结构抽象为由一些集中质量块与弹性元件构成的模型。若简化的模型为具有 n 个集中质量的 n 自由度系统，则需要 n 个独立坐标来描述其运动，系统的运动可由 n 个联立（互相耦合）的二阶常微分方程来描述。

能进行模态分析的前提条件是结构的动态响应可用模态模型来描述。

模态分析实际上是一种坐标转换。其目的是把物理坐标系统下描述的响应向量放到模态坐标系统下来描述。模态坐标系统的每一个基向量恰好是振动系统的一个特征向量，即在模态坐标下，振动方程是一组互无耦合的方程，这些方程分别描述振动系统的各阶振型，每个坐标均可单独求解。

经离散化处理后，结构的动态特性可由 n 阶矩阵微分方程来描述。

$$M\ddot{x}+C\dot{x}+KX=F(t) \tag{7-43}$$

式中，$F(t)$ 为 n 维激振向量；X、$\dot{x}$、$\ddot{x}$ 分别为 n 维位移响应向量、速度响应向量、加速度响应向量；M、K、C 分别为结构的质量矩阵、刚度矩阵、阻尼矩阵，其通常为实对称 n 阶矩阵。

对上述方程的两边进行拉普拉斯变换，即可得到以复数 s 为变量的矩阵代数方程

$$(Ms^2+Cs+K)X(s)=F(s) \tag{7-44}$$

令 $Z(s)=(Ms^2+Cs+K)$。通常 $Z(s)$ 称为系统动态矩阵或广义阻抗矩阵，其反映了系统的动态特性。

$Z(s)$ 的逆矩阵 $H(s)=(Ms^2+Cs+K)^{-1}$ 称为广义导纳矩阵，即传递函数矩阵。此时有

$$X(s)=H(s)F(s) \tag{7-45}$$

若令 $s=j\omega$，就可得到振动系统在频域中的输出信号与输入信号之间的关系式

$$X(\omega)=H(\omega)F(\omega) \tag{7-46}$$

式中，$H(\omega)$ 为频率响应函数矩阵。$H(\omega)$ 矩阵中第 i 行第 j 列的元素为

$$H_{ij}(\omega)=x_i(\omega)/F_j(\omega) \tag{7-47}$$

由此可见，$H_{ij}(\omega)$ 等于仅在 j 坐标激振（其余坐标激振为零）时 i 坐标处的响应与激振力之比。

若令 $s=j\omega$，阻抗矩阵可表达为

$$Z(\omega)=(K-\omega^2 M)+j\omega C \tag{7-48}$$

基于实对称矩阵的加权正交性，有

$$\Phi^{\mathrm{T}} M\Phi=\begin{bmatrix} \ddots & & \\ & m_r & \\ & & \ddots \end{bmatrix}, \quad \Phi^{\mathrm{T}} K\Phi=\begin{bmatrix} \ddots & & \\ & k_r & \\ & & \ddots \end{bmatrix}$$

式中，矩阵 $\Phi=[\varphi_1,\varphi_2,\cdots,\varphi_n]$ 称为振型矩阵。

假设阻尼矩阵 C 亦满足振型的正交性关系，则有 $\Phi^{\mathrm{T}} C\Phi=\begin{bmatrix} \ddots & & \\ & c_r & \\ & & \ddots \end{bmatrix}$。

此时，式(7-48)可表达为 $Z(\omega)=\Phi^{-\mathrm{T}}\begin{bmatrix} \ddots & & \\ & z_r & \\ & & \ddots \end{bmatrix}\Phi^{-1}$。

式中，$z_r=(k_r-\omega^2 m_r)+j\omega c_r$。

$H(\omega)$ 可表达为 $H(\omega)=Z(\omega)^{-1}=\Phi\begin{bmatrix} \ddots & & \\ & z_r & \\ & & \ddots \end{bmatrix}\Phi^{\mathrm{T}}$。

综上所述，可得

$$H_{ij}(\omega)=\sum_{r=1}^{n}\frac{\varphi_{ri}\varphi_{rj}}{m_r\left[(\omega_r^2-\omega^2)+j2\xi_r\omega_r\omega\right]} \tag{7-49}$$

式中，$\omega_r^2=k_r/m_r$；$\xi_r=c_r/(2m_r\omega_r)$；m_r 为第 r 阶模态质量（广义质量）；k_r 为第 r 阶模态刚度（广义刚度）；ω_r 为第 r 阶模态频率；ξ_r 为第 r 阶模态阻尼比；φ_r 为第 r 阶模态振型。

可见，n 自由度系统的频率响应等于 n 个单自由度系统频率响应的线性叠加。为确定全部模态参数 m_r、ξ_r、$\varphi_r(r=1,2,\cdots,n)$，实际上只需测量频率响应矩阵的一列［对应一点激振，各点测量的 $H(\omega)$］或一行［对应依次各点激振，一点测量的 $H(\omega)^{\mathrm{T}}$］即可。

模态分析或模态参数识别的任务就是根据一定频段内的实测频率响应函数来确定系统的模态参数：模态频率 ω_r、模态阻尼比 ξ_r、模态振型 $\varphi_r(r=1,2,\cdots,n$；n 为系统在测试频段内的模态数)。

四、模态实验流程

(1)选择激振方式

进行模态分析时，需要先测得激振力及相应的响应信号，然后进行传递函数分析（频响函数分析）。i 和 j 两点之间的传递函数表示在 j 点作用单位力时，在 i 点所引起的响应。要得到 i 和 j 点之间的传递函数，只要在 j 点加一个频率为 ω 的正弦激振力，而在 i 点测量其引起的响应，如此即可得到传递函数曲线上的一个点。若 ω 连续变化，分别测得其对应的响应，这样就可得到传递函数曲线。

要想测得传递函数模态矩阵中的任一行或任一列,可采用不同的方法。要得到矩阵中的任一行,可采用各点轮流激励一点响应的方法;要得到矩阵中任一列,可采用一点激励多点测量响应的方法。对轻小且阻尼不大的结构,常用锤击法激振;对大型及阻尼较大的结构,需要较大的激振能量,常采用激振器固定点激振的方法。

(2)确定被测对象的支承方式

一种常用的状态是自由状态,就是使得被测结构在任一坐标上都不与地面相连接,自由的悬浮在空中。例如,放在很软的泡沫塑料上;或用很长的柔索将结构吊起而在水平方向激振,可认为在水平方向上处于自由状态。

另一种常用的是地面支承状态,结构上有一点或若干点与地面固结。

假定所关心的是结构在实际支承条件下的模态,此时可在实际支承条件下进行测试。但通常是优先考虑自由状态,因为在自由状态下会具有更多的自由度。

(3)建立模型及确定测点

假定被测对象为一两端固定的简支梁。该简支梁的长(设为 X 向)为 600 mm,宽(设为 Y 向)为 56 mm,厚(设为 Z 向)为 8 mm。对简支梁而言,其厚度方向尺寸远小于宽度方向和长度方向的尺寸,因此可将简支梁简化为一个平面模型,仅沿着梁长方向布置测点,并进行模态实验。

在模态分析软件的实验模态界面中,在 X 轴与 Y 轴确定的平面内建立模型,将 Z 向作为激励与响应的振动方向。测点数可依据期望获得的模态阶数来定。只有在测点数大于所期望的模态阶数时,测得的高阶模态结果才可信。

假定本次测试期望获得简支梁的前 4 阶模态,预先将模型等分成 16 段,如图 7-20 所示。

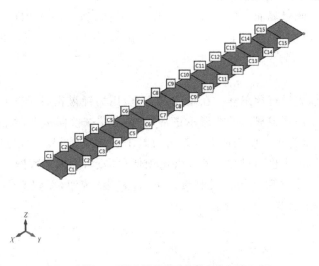

图 7-20 简支梁的模型与测点分布

简支梁两端的固定的,在确定实际测点时,模型两端的点不作为测点;同时考虑到梁的截面特性,每个截面只布置一个测点。因此,该简支梁共布置 15 个测点(编号 C1~C15)。

(4)选择模态实验方法

本次模态实验选择锤击法,即采用一把力锤与一个加速度传感器来完成模态实验。要尽量避免把加速度传感器布置在模态振型的节点上,这里将传感器安装在 C6 测点处。从 C1 测点到 C15 测点,用力锤依次进行敲击,获得 15 个测点的频响曲线。然后进行模态参数识别,获得简支梁的模态。

(5)组装测试系统

把力锤(已安装力传感器)输出线接到采集分析仪的第 1 通道,把加速度传感器输出线连接到采集分析仪的第 2 通道。

(6)设置采集分析参数

打开采集分析仪电源,打开采集分析软件,连接成功后,进入软件新建一文件。在"测量/参数设置"界面中,设置采样频率(2 kHz)、通道的量程范围、传感器的灵敏度、工程单位等参数。加速度传感器接入通道的输入方式为 IEPE,力锤所接入通道的输入方式为IEPE。

进入"存储规则"界面,将存储方式选择为"连续存储"。

进入"信号处理"界面,选择"频响分析",单击"新建"按钮,进行频响分析的参数设置:储存方式设为"触发";触发方式设为"信号触发";触发通道选择力锤所接入的通道;触发量级可选择"10%";延迟点数选择"负延迟 200 点";分析点数设为"2048";平均方式选择"线性平均";平均次数选择"10 次";频响类型选择"H1";数据过滤规则选择"手动确认/滤除"。

输入通道添加为"通道 1;测点号:1;方向为 $Z+$"。

输入通道添加为"通道 2;测点号:6;方向为 $Z+$"。

设置完毕进入测量界面。进入"图形区设计"界面,新建四个 2D 图谱窗口,返回"测量"界面。四个"2D 图谱"分别显示第 1 通道(激振力)信号、第 2 通道(加速度)信号、频响曲线、相干曲线。

(7)测量

正式测量之前先进行预采样。在示波状态下,用力锤敲击各个测点,观察有无波形。若测量通道不显示波形或显示的波形不正常,就需要核查仪器是否存在故障、连接是否正确等,直至波形正常为止。使用适当的敲击力敲击各测点,调节量程范围,直至力的波形与响应的波形既不过小也不过载。若软件出现保存提示,不保存数据。

预采样显示正常之后开始正式测量。单击"采集"按钮,新建文件 1,从第 1 个测点(C1)开始采集数据,如图 7-21 所示。

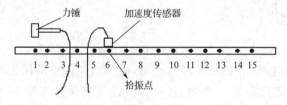

图 7-21 传感器布置

用力锤敲击简支梁第 1 个测点(C1),即可观察到激振力的时域波形、加速度的时域波形以及相应的频响曲线、相干曲线,同时系统会提示是否保存数据,这表明已完成一次信号触发。若敲击后未出现保存提示,则表明敲击力度不够,系统未能进行信号触发采集,此时需要加大敲击力度。单击"是"后,系统进入第二次等待触发的状态,继续进行第 1 个测点的敲击并获得第二次触发的频响曲线,如此重复,直至完成 10 次信号触发采集,此时才算完成第 1 个测点的频响曲线的采集。单击"停止"按钮,完成第 1 个测点(C1)的采集。

需要注意的是:力锤敲击简支梁时要干净利落,不能造成对梁的多次连击,否则会导致频响曲线变差;"手动确认/滤除"打开后,软件在每次敲击采集数据后,提示是否保存该次试验数据。需要判断敲击信号与响应信号的质量,判断原则为:力锤信号无连击,振动信号无过载。

完成第 1 个测点的采集后,单击"测点编辑"按钮,将力锤通道的测点号改为"2"。对系统进行"平衡清零"操作,单击"采集"按钮,新建文件 2,系统进入等待触发状态,将力锤移动至简支梁的第 2 个测点(C2)进行敲击,重复上述操作,并获取第 2 个测点的频响曲线。

依次完成第 3 个测点(C3)至第 15 个测点(C15)的频响曲线采集,方法同上。

(8)模态分析

几何建模与测点匹配。完成所有测点的频响曲线采集后,进入软件"模态"界面,创建矩形模型,输入模型的长度 600 mm,宽度 56 mm,长度分段数为 16,宽度分段数为 1,单击"确定"按钮,完成模型创建,显示模型的节点。选中模型,进行模型结点与实际测点的匹配,让其一一对应。

导入频响曲线数据。进入"数据"界面,先确认实验方法为"测力法"及"单点拾振法"。在界面勾选"单点拾振"项,单击"添加"按钮,所测试的数据将会显示。

进入"参数识别"界面,确认识别方法为"PolyLSCF"。在"选择频段"中,用两根竖向光标将所需分析的频率段包含在内(注意:左边的竖向光标需移动到最左边 0 值位置),鼠标上下移动横向光标,确定节点数(节点数大于4),识别频响曲线中峰值。

单击"稳态图计算"按钮进入"稳态图"界面,界面中可查看已计算的稳态图。稳定图中的 s 代表三种模态参数全部稳定(每个参数都处在给定的精度范围之内)。v 代表频率和模态参与因子稳定。移动鼠标至 s 比较多的频率点上,下方可查看对应鼠标位置的极点信息,单击鼠标左键,选择对应极点(每个频率只需选择一个极点),并显示在极点列表中。

极点选择完毕后,单击"振型计算"按钮,弹出归一化设置方法,选择"振型值最大点归一"方法,单击"确定"按钮完成计算,并将结果显示在模态参数列表中,单击"保存"按钮,保存模态结果。

(9)显示振型

模态参数计算完毕后,单击"振型"标签,进入振型动画显示界面。单击"动画"按钮,显示对应模态参数文件下各阶模态振型。移动鼠标至列表中各频率点上,单击鼠标左键,将直接显示对应振型,如图7-22所示。

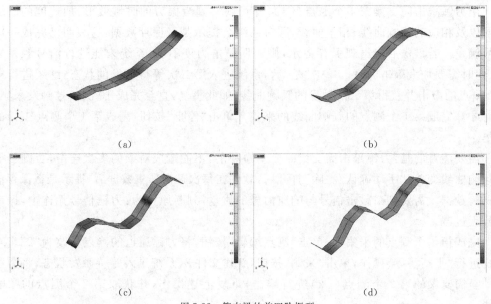

(a)　　　　　　　　　　　　　　　　　(b)

(c)　　　　　　　　　　　　　　　　　(d)

图 7-22　简支梁的前四阶振型

(10)MAC 模态验证

进入"模态验证"界面,单击"MAC"按钮,查看对应模态参数文件下的 MAC 图,如图 7-23 所示。

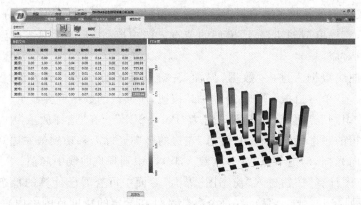

图 7-23　MAC 验证

(11)输出振型

单击"输出视频文件"或"输出图像文件"按钮,弹出对话框,输入文件存储路径、文件名,单击保存按钮,可将振型输出为 avi 动画或图片。

五、实验数据处理

(1)记录实测模态参数(表 7-9)。

表 7-9　　　　　　　　　　　　　　　　　实验数据记录表

模态参数	第一阶	第二阶	第三阶	第四阶
频率				
阻尼比				

(2)描绘出各阶模态振型图。

六、思考讨论题

(1)测力法模态分析的基本原理是什么?
(2)模态分析的常用激振方式有哪些?

7.9 拓展型教学案例:基于线性扫频法测定简支梁模态的实验

一、实验目的

(1)掌握线性扫频法实验模态分析原理。
(2)掌握线性扫频法模态测试方法。

二、实验仪器装置

如图 7-17 所示。

三、实验原理

本案例对简支梁进行实验模态分析采用测力法模块,与锤击法模态实验原理基本一致,但也有区别。区别如下:

(1)锤击法模态实验中,在确定输入信号(激振信号)与输出信号(响应信号)的频响关系(频响函数)时,激振力由力锤提供(压电式力传感器接收激振力信号);而线性扫频法模态实验中,激振力是由扫频信号源控制的激振器来提供,激振力信号借助力传感器拾取。

(2)进行锤击法模态实验时,可以选择单点拾振法(跑激励),也可以选择单点激励法(跑响应);而进行线性扫频法模态实验时,移动激励往往比较困难,因此多采用单点激励法(跑响应)。

四、实验流程

(1)建立模型与确定测点
简支梁的模型建立与测点的确定同上一个实验。
(2)选择模态实验方法

采用单点激励法,即采用一个激振器与多个加速度传感器来完成模态实验。激振位置选择第 4 个测点所处的位置。将加速度传感器(也可采用多个)安装在简支梁的第 1 个测点位置。使用激振器对简支梁进行正弦扫频激励,获得第 1 个测点的频响曲线。移动加速度传感器至第 2 个测点,再次用激振器(激振器的频率与电压值的设置要与第一次相同)进行正弦扫频激振,获得第 2 个测点的频响曲线,依次完成全部 15 个测点的测量并获得相应的频响曲线,然后进行模态参数识别,获得简支梁的模态。若采集分析仪的通道数量比较多,可采用多个加速度传感器,一批完成多个测点的频响曲线的测量,以减少实验批次。

（3）组装测试系统

将激振力传感器的输出端接到电荷调理器上，再将电荷调理器连接到采集分析仪的第 1 通道，把加速度传感器安装在简支梁的第 1 个测点上，传感器的输出端连接到采集分析仪的第 2 通道。

（4）设置采集分析软件参数

打开采集分析仪电源，打开采集分析软件，连接成功后，进入软件新建一文件。在"测量/参数设置"界面中，设置采样频率（2 kHz）、通道量程范围、力传感器与加速度传感器的灵敏度、工程单位等参数。力传感器输入方式为 AC，加速度传感器的输入方式为 IEPE。

进入"信号处理"界面，在信号处理界面选择频响分析，并进行频响分析参数设置：储存方式选择"连续"；分析点数选择"2048 或 4096"；平均方式选择"峰值保持"；频响类型选择"H1"；输入通道选择为"通道1，测点号为4，测量方向 Z+""通道2，测点号为1，测量方向 Z+"。

进入"图形区设计"界面，新建四个 2D 图谱窗口。返回"测量"界面。四个"2D 图谱"分别显示激振力时域波形（第 1 通道）、加速度时域波形（第 2 通道）、频响曲线、相干曲线。系统"平衡清零"之后，等待采样。

（5）测量

正式测量之前先进行预采样。设置激振频率为"线性扫频"，起始频率设为 10 Hz，结束频率设为 1 000 Hz，线性扫频间隔设为 1 Hz/s。按下"开始"按钮，调节电压值为 2 000 mV以上，开始线性扫频。在示波状态下，观察有无波形，若测量通道无波形或波形不正常，就需要核查仪器是否有故障、连接是否正确等，直至波形正常为止。根据输出电压的大小灵活调节传感器所在通道的量程范围，直到激振力的波形与响应的波形既不过载也不过小。若传感器信号过小，亦可适当增大信号源的电压输出。

完成预采样后开始正式采集。单击"采集"按钮，新建文件名为"1"，系统开始采集数据，同时激振器开始激振。观察 2D 图谱中频响曲线的变化，直到扫频信号达到结束频率，手动停止扫频，单击"停止"按钮，完成第 1 个测点的采集。

完成第 1 个测点的采集后，单击"测点编辑"按钮，将加速度传感器通道的测点号改为"2"。将加速度传感器移动到简支梁的第 2 个测点，对系统进行平衡清零操作，单击"采集"按钮，新建文件名为"2"，同时激振器开始激振。观察 2D 图谱中频响曲线的变化，直到扫频信号达到结束频率，手动停止扫频，单击"停止"按钮，完成第 2 个测点的采集。

依次完成第 3 个测点至第 15 个测点的频响曲线采集，方法同上。

（6）模态分析

几何建模与测点匹配同上一个实验。

导入频响函数数据。进入"数据"界面，先确认实验方法为"测力法"及"单点激励法"。其余操作同上一个实验。

参数识别同上一个实验。

（7）振型显示，同上一个实验。

（8）MAC 模态验证，同上一个实验。

（9）振型输出，同上一个实验。

五、实验数据处理

记录模态参数并绘出各阶模态振型图(表7-10)。

表 7-10　　　　　　　　　　　　　　　　实验数据记录表

模态参数	第一阶	第二阶	第三阶	第四阶
频率				
阻尼				

六、思考讨论题

(1)线性扫频法模态实验与锤击法模态实验有何区别?

(2)线性扫频法模态实验适用于何种场合?

7.10　拓展型教学案例:基于随机激励法测定简支梁模态的实验

一、实验目的

(1)掌握随机激励法实验模态分析原理。

(2)掌握随机激励法模态测试及分析方法。

二、实验仪器装置

如图7-18所示。

三、实验原理

本案例采用的模态分析方法为测力法模块,与锤击法模态实验原理基本一致,但也有区别。区别如下:

(1)锤击法模态实验时,在确定输入信号与输出信号的频响关系时,激励力由力锤提供;而随机激励法模态实验时,采用随机激振信号,借助压电式力传感器接收激振信号。

(2)锤击法模态实验可选择单点拾振法,也可选择单点激励法;而随机激励法模态实验多采用单点激励法。

四、实验流程

本案例的实验流程与上一个实验基本一致,仅有两处差别。

差别之一:将激振信号类型调整为随机信号。

差别之二:将频响分析设置中的平均方式设为"线性平均",平均次数设为"100次"。

在进行频响数据采集时,在"图形区设计"界面中选择"数字表"图标,即可用"数字表"来显示平均次数的值。当平均次数显示值达到所设定的100时,即完成一个测点的频响数据采集。

五、实验数据处理

(1)记录实测模态参数(表 7-11)。

表 7-11   实验数据记录表

模态参数	第一阶	第二阶	第三阶	第四阶
频率				
阻尼				

(2)绘制各阶模态振型图。

六、思考讨论题

(1)随机激励法模态实验与锤击法模态实验有何区别?
(2)随机激励法模态实验适用于何种场合?

7.11 拓展型教学案例:基于不测力法测定简支梁模态的实验

一、实验目的

(1)掌握不测力法实验模态分析原理。
(2)掌握不测力法模态分析的实验操作。

二、实验仪器装置

实验装置简图如图 7-24 所示。

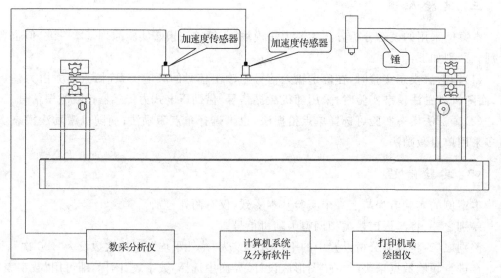

图 7-24 实验装置简图

三、实验原理

通常基于测力法测得的模态参数要比基于不测力法测得的模态参数准确。但对一些特殊的结构(如大型建筑、桥梁、运行状态的机器设备等),进行人工激振是很难的,其结构的响应主要是由环境激励引起。而这些环境激励是既不可控制又难以测量的。此种情形下,只能采用响应信号来辨识结构的模态参数。不需要测量激励力的模态实验方法称为不测力法,也称为环境激励法。

不测力法假定结构受到环境激励(激振力为随机信号),激振随机信号的功率谱为常值。这样得到的响应信号便是随机激励下的响应信号,就可以用响应信号的互谱来代替频响函数进行参数辨识与模态参数的估计。

环境激励法适用于不易实现人工激励的结构的实验模态分析。

四、实验流程

(1)建立模型及确定测点

同第 7.8 节。

(2)选择模态实验方法

采用不测力法,通过给简支施加人为的随机激励来模拟环境激励,并测量简支梁上各个测点的时域信号,再通过模态分析方法来识别出简支梁的模态参数。

由于简支梁上的测点较多,若传感器数量不足,需要分批次来完成所有测点的数据采集。在分批测试的情况下,每批所测数据的时间与环境激励情况是不同的,这就无法满足结构的线性时不变原则。为了解决上述问题,需要引入一个参考点,即选择简支梁上的某一个测点作为参考点,在分批次进行数据测量时,每批数据中均要包含参考点处的数据,这样就可以保证所有测点的数据均以参考点作为依据,最终在进行模态分析时,进行数据的归一化处理,得到结构的整体模态参数。

参考点的选取原则:尽量不要选择结构的某一阶振型的节点作为参考点。在参考点处安装一个加速度传感器,该传感器在整个实验过程中始终在该测点处(一直不动)。

(3)组装测试系统

两个加速度传感器的输出线分别接入采集分析仪的第 1 通道与第 2 通道。本次实验选择第 4 个测点作为参考点,用第 1 通道的加速度传感器来测量第 4 个测点的振动信号。

(4)设置软件参数

打开采集分析仪电源,打开采集分析软件,连接成功后,进入软件新建一文件。在"测量/参数设置"界面中,设置采样频率、通道量程范围、传感器的灵敏度、工程单位等参数。加速度传感器接入通道的输入方式为 IEPE。

在"存储规则"界面,确认存储方式为连续记录,进入"测量"界面,选择"频谱"布局。在记录仪窗口选择第 1 通道与第 2 通道,在 FFT 窗口选择第 1 通道与第 2 通道。选中

FFT 窗口,选择平均谱,谱线数设置为 800。

(5)测量

正式测量之前先进行预采样,目的是为观察时域波形是否正常。在示波状态下,用力锤敲击简支梁,观察加速度传感器对应的通道有无波形,若无波形或波形不正常,要核查原因,直至波形正常为止。时域波形要既不过载也不过小。

正式采集。按图 7-24 所示,将第 1 通道的加速度传感器安装在第 4 个测点(参考点),将第 2 通道的加速度传感器安装到第 1 个测点。

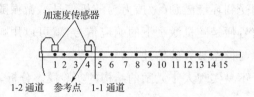

图 7-25 第一批次传感器分布

在采集分析软件中,选择"测点编辑",将批次设成 1,第 1 通道测点号为 4,方向 Z+,参考表示打钩;第 2 通道测点号为 1,方向 Z+。

单击"采集"按钮,新建文件并命名为"1",表示批次 1。系统开始采集数据,同时用力锤连续敲击简支梁,敲击位置与敲击力度可随意调整,亦可多点同时敲击,来模拟环境激励。

观察记录仪窗口与 FFT 窗口的曲线变化。记录仪窗口的数据曲线应该具有比较好的波形,不应过载;FFT 窗口的频谱曲线应清晰,频率峰值应明显。若感觉频谱曲线不够满意,可能是因为所设置的频率分辨率不合适,此时可停止采样,再重新设置采样频率或谱线数以改变频率分辨率,反复调整,直至频谱曲线达到满意为止。重新开始采样(仍为第一批次),连续存储数据,并观察 FFT 窗口频谱曲线,此时所显示的"平均次数"会不断增加,这表明 FFT 窗口的频谱曲线在不断地进行平均处理,当频谱曲线变得稳定(基本不再变化)时,表明所采集的数据量已足够,此时"平均次数"的值一般应在 200 以上,停止采集数据,第一批次数据采完成。

第 1 通道的加速度传感器仍放置在第 4 测点(参考点)。将第 2 通道的加速度传感器转移至第 2 个测点位置并固定好。选择"测点编辑",将批次设成 2,第 1 通道测点号为 4,;第 2 通道测点号为 2,其余参数不变。单击"采集"按钮,新建文件并命名为"2",表示批次 2。系统开始采集数据,同时用力锤连续敲击简支梁,直至频谱曲线变得稳定,停止采集数据,第二批次数据采集完成。

采集第三批数据时,仍将第 1 通道的加速度传感器放置在第 4 测点(参考点)。将第 2 通道的加速度传感器转移至第 3 个测点位置并固定好。选择"测点编辑",将批次设成 3,第 1 通道测点号为 4;第 2 通道测点号为 3,其余参数不变。单击"采集"按钮,新建文件并命名为"3",表示批次 3。开始采集数据,同时用力锤连续敲击简支梁,直至频谱曲线变得稳定,停止采集数据,第三批次数据采集完成。

依次类推,完成全部15个测点的数据采集。

(6)模态分析

几何建模与测点匹配,同第7.8节。

导入时域数据。进入"数据"界面,先确认实验方法为"不测力法"。列表中将直接显示对应工程下各批次数据的时间曲线,在"不测力数据"前打钩,将方向 X、Y、Z 前打钩,单击"添加"按钮,数据全部导入。

进入"参数识别"界面,确认识别方法为自互功率谱。根据实际情况,选择分析点数为2048、加窗类型为汉宁窗、重叠率50%。单击"计算"按钮,完成谱计算。

单击"选择频率"图标,从左至右移动光标至频谱曲线中第一个频率峰值点,按下键盘回车键,此处会出现一条竖线,依次向后选择频谱曲线上的频率峰值点。每选择一个峰值点,会在频率点列表中显示相应的频率值,每个频率值均代表某一阶模态的频率(推荐节点数大于4)。单击"计算振型"按钮,软件会计算出模态的各阶振型、频率与阻尼比。单击"保存"按钮,将计算结果保存。

(7)振型显示,同第7.8节。

(8)MAC模态验证,同第7.8节。

(9)振型输出,同第7.8节。

五、实验数据处理

(1)记录实测模态参数(表7-12)。

表7-12　　　　　　　　　　实验数据记录表

模态参数	第一阶	第二阶	第三阶
频率			
阻尼			

(2)绘制各阶模态振型图。

六、思考讨论题

(1)不测力法模态实验与随机激励法模态实验有何区别?

(2)不测力法模态实验适用于何种场合?

7.12　拓展型教学案例:隔振效果测定实验

一、实验目的

(1)了解隔振的基本知识。

(2)掌握隔振的基本原理。

(3)掌握主动隔振效果的测量方法。

二、实验仪器装置

实验装置简图如图 7-26 所示。

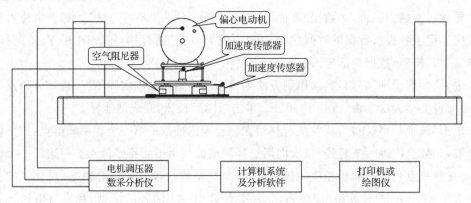

图 7-26　实验装置简图

三、实验原理

振动会对人、结构、仪表、设备等带来直接危害。许多情况下,需要对振动进行隔离。

隔振分为两类:主动隔振(积极隔振)与被动隔振(消极隔振)。如何来理解这两个概念呢?举例说明一下。假定有一台机械设备,固定在地基上,在机械设备与地基之间安装了隔振器。隔振器的作用体现在两个方面:减少机械设备的振动传至地基;减少地基的振动对机械设备的影响。隔离机械设备传至地基的振动,以减少动力的传递,即为主动隔振。防止地基的振动传至需保护的机械设备,以减少振动的传递,即为被动隔振。

隔振设计时,常用振动传递率 η 与隔振效率 E 来评价隔振效果。主动隔振传递率等于隔振后传到地基上的力的幅值除以未隔振时传到地基上的力的幅值。被动隔振传递率等于隔振后传到机械设备上的振动幅值除以地基振动的幅值。为应用方便,计算传递率时,对主动隔振,常用力来表示;对被动隔振,则常用振动位移、振动速度或振动加速度来表示。

$$\eta=\sqrt{\frac{1+(2\xi\lambda)^{2}}{(1-\lambda^{2})^{2}+(2\xi\lambda)^{2}}} \tag{7-50}$$

$$E=(1-\eta)\times100\% \tag{7-51}$$

式中,ξ 为阻尼比;$\lambda=f/f_{0}$,f 为激振频率,f_{0} 为隔振系统固有频率。

只有传递率 η 小于 1 时,才会有隔振效果。因此,$\eta<1$ 的区域称为隔振区。

(1)当 $f_{0}<f<\sqrt{2}f_{0}$ 时,$\eta>1$。隔振系统不能隔振,反而会增振。

(2)当 $f_{0}=f$ 时,隔振系统会发生共振。

(3)当 $\sqrt{2}f_{0}<f<3f_{0}$ 时,隔振系统的隔振作用有限。

(4)当 $3f_{0}<f<6f_{0}$ 时,隔振系统的隔振能力较差,为 20~30 dB。

(5)当 $6f_{0}<f<10f_{0}$ 时,隔振系统的隔振能力中等,为 30~40 dB。

(6)当 $f>10f_{0}$ 时,隔振系统的隔振能力较强,超过 40 dB。

隔振效果如图 7-27 所示。

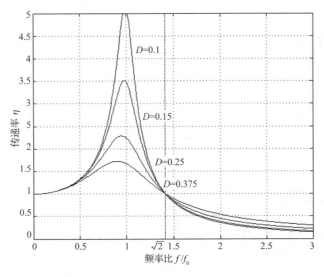

图 7-27 隔振效果

（7）阻尼比 ξ 对 η 的影响

$f<\sqrt{2}f_0$ 时，虽然阻尼比的增大会有效地降低共振时的位移振幅，但是处于 $f<\sqrt{2}f_0$ 区间的隔振区的传递比会增高，这对隔振不利。$f>\sqrt{2}f_0$ 时，阻尼比变化时，η 值的变化不大。

四、实验流程

（1）组装实验系统

把大的空气阻尼器与质量块组成的主动隔振器固定在底座中部。将一个加速度传感器安装在主动隔振器上面，其输出端接入采集分析仪的第 1 通道。另一个加速度传感器安装在底座上，其输出端接入采集分析仪的第 2 通道。

将偏心电动机安装到主动隔振器上，电动机转速（代表受迫振动频率）可通过改变电压来调节。将电压调节至"110 V"，使偏心电动机旋转。

（2）设置采集分析软件参数

打开采集分析仪电源，打开采集分析软件，连接成功后，进入软件新建一文件。在"测量/参数设置"界面中，设置采样频率（2 kHz）、通道量程范围、加速度传感器的灵敏度、工程单位等参数。

进入"测量"界面，选择"频谱布局"。在记录仪窗口选择第 1 通道、第 2 通道，在 FFT窗口选择第 1 通道、第 2 通道。选中 FFT 窗口，选择平均谱，谱线数设置为 800。

（3）测量

单击"采集"按钮，开始采集数据，观察记录仪与 FFT 窗口的数据，FFT 窗口出现的频率值为偏心电动机旋转所产生的激振频率。调整电压值，使激振频率分别为 20 Hz、40 Hz、60 Hz，测量两个加速度传感器在不同频率下的振动幅度。第 1 通道的幅值记为 A_1，第 2 通道的幅值记为 A_2。

（4）计算

根据所测幅值计算传动比与隔振效果。

传递率:$\eta = A_2 / A_1$

隔振效率:$E = (1-\eta) \times 100\%$

五、实验数据处理

记录主动隔振实验结果(表 7-13)。

表 7-13 　　　　　　　　　　　　　实验结果记录表

频率 f/Hz	第一通道振幅 A_1	第二通道振幅 A_2	传递率 η	隔振效率 E
20				
40				
60				

六、思考讨论题

(1)主动隔振与被动隔振有何区别?

(2)隔振效率是如何测得的?

7.13　拓展型教学案例:单式动力吸振器吸振实验

一、实验目的

(1)验证单式动力吸振器的吸振理论。

(2)了解单式动力吸振器的特点及适用场合。

二、实验仪器装置

实验装置简图如图 7-28 所示。

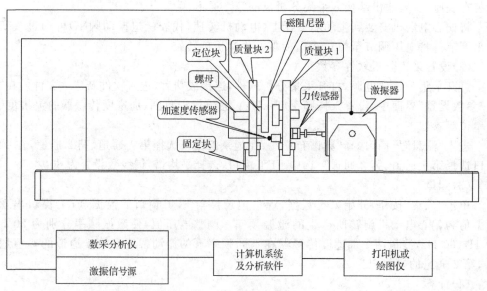

图 7-28　实验装置简图

三、实验原理

所谓吸振就是在振动主系统上附加特殊的子系统，以转移或消耗主系统的振动能量，从而抑制主系统的振动。动力吸振是以吸振器系统自身振动的形式将主系统的振动能量转移，从而达到对主系统减振的目的。

单式动力吸振器的力学模型如图 7-29 所示。主振系统是一个单自由度系统，主振系统与单式动力吸振器一起构成二自由度系统。假设主系统质量为 m_1，刚度为 k_1，位移为 x_1，振幅为 A_1；单式动力吸振器质量为 m_2，刚度为 k_2，位移为 x_2，振幅为 A_2，激振力为 $F\sin pt$。

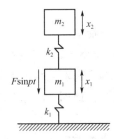

图 7-29　单式动力吸振器系统力学模型

系统的运动微分方程为

$$m_1\ddot{x}_1+(k_1+k_2)x_1-k_2x_2=F\sin pt \tag{7-52}$$

$$m_2\ddot{x}_2+k_2x_2-k_2x_1=0 \tag{7-53}$$

方程的稳态解为

$$x_1=A_1\sin pt \tag{7-54}$$

$$x_2=A_2\sin pt \tag{7-55}$$

$$A_1=\frac{(k^2-p^2m_2)F}{(k_1+k_2-p^2m_1)(k_2-p^2m_2)-k_2^2} \tag{7-56}$$

$$A_2=\frac{k_2F}{(k_1+k_2-p^2m_1)(k_2-p^2m_2)-k_2^2} \tag{7-57}$$

若主系统固有角频率 $\omega_1=\sqrt{k_1/m_1}$；单式动力吸振器固有角频率 $\omega_2=\sqrt{k_2/m_2}$；主系统在最大激振力作用下的静变形 $\Delta_{st}=F/k_1$；动力吸振器系统的质量与主系统的质量之比 $\mu=m_2/m_1$。则有

$$\frac{A_1}{\Delta_{st}}=\frac{1-(p/\omega_2)^2}{[1+\mu(\omega_2/\omega_1)^2-(p/\omega_1)^2][1-(p/\omega_2)^2]-\mu(\omega_2/\omega_1)^2} \tag{7-58}$$

$$\frac{A_2}{\Delta_{st}}=\frac{1}{[1+\mu(\omega_2/\omega_1)^2-(p/\omega_1)^2][1-(p/\omega_2)^2]-\mu(\omega_2/\omega_1)^2} \tag{7-59}$$

如果 $p=\omega_2$，由上式可得 $A_1=0$，$A_2=-\dfrac{F}{k_2}$。对应的会有 $x_1=0$，$x_2=-\dfrac{F}{k_2}\sin pt$。

也就是说，当单式动力吸振器的固有角频率 ω_2 与外力的角频率 p 相等时，外力恰好与单式动力吸振器对主系统的作用力 k_2A_2 平衡，系统不振动，从而达到减振的目的。因此，可以调整单式动力吸振器的质量 m_2 或刚度 k_2，使其满足减振的条件，达到减振的目的。

　　需要注意的是,单自由度系统安装了单式动力吸振器之后,整个系统变成了两自由度系统,会有两个共振区,而单式动力吸振器只能对部分频率段减振,对其余频率段不仅不能减振反而会增振。因此,单式动力吸振器主要用在外力频率不变或在微小范围内变化的场合。若外界干扰力频率在较大范围内波动,一般优先考虑用阻尼减振器。

三、实验程序

　　(1)将质量块固定到振动实验台的横梁上。把速度传感器安装到质量块上。

　　(2)利用前面章节内容介绍的方法测出质量块的共振频率,并记录其共振频率及相应的振动幅值。

　　(3)在质量块上连接一单式动力吸振器。

　　(4)开启激振器,让质量块在共振频率下做受迫振动。

　　(5)调节单式动力吸振器的固有频率(调节其质量或刚度),观察质量块的振幅变化情况,直至所测振幅达到最小时停止调节。此时,单式动力吸振器的固有频率等于激振力的频率。

　　(6)重新测量单式动力吸振器与质量所组成的新系统的幅频特性曲线。

四、实验数据处理

记录测量数据至表格中(表 7-14)。

表 7-14　　　　　　　　　　实验数据记录表

项目	调节前	调节后
频率		
幅值		

五、思考讨论题

　　(1)单式动力吸振器的原理是什么?

　　(2)试想一下何种条件下可以用单式动力吸振器来吸振?

第 8 章

拉伸实验

材料力学性能测量中最普遍、最常用、最基本、最重要的方法就是拉伸实验方法,对塑性材料尤为如此。

一、工程意义

拉伸实验对于科学研究和工程应用具有重要意义,具体体现在:

(1)结构设计的需要

设计结构需要先明确材料的强度性能、刚度性能与变形性能。通过拉伸实验可以确定材料的拉伸力学性能,从而为设计提供依据。

(2)材料或工艺研究的需要

通过比较拉伸力学性能指标,可以区分出材料或工艺的差异性,从而为材料或工艺优化提供参考依据。

(3)材料进出厂检验的需要

材料类产品在厂内抽样检验合格后才能出厂;使用方在对材料进行抽样检验合格后才能接货。对一般工程用塑性材料,拉伸性能指标是进出厂检验必不可少的内容。

(4)推断其他力学性能指标的需要

拉伸实验反映的是材料在单向应力状态下的强度、刚度与塑性性能,这些性能指标与材料的弯曲、扭转、硬度、疲劳等性能指标具有一定的联系。因此,通过拉伸性能指标可间接地推断出其他力学性能的好坏。例如,热轧软钢的抗拉强度与布氏硬度之间存在着经验关系式 $R_m/\text{HBW} \approx k$,与纯弯曲疲劳强度极限之间有经验关系式 $\sigma_{-1} = (0.4 \sim 0.5)R_m$(符号含义见后面相关章节)。

二、特点

拉伸实验具有如下特点:

(1)能反映出材料的基本属性

单轴拉伸时,试样处于单向均匀的应力状态,测得的强度指标、刚度指标与塑性指标表征了材料的基本力学性能,反映了材料在弹性变形、塑性变形与断裂阶段中的力学行为,对研究、分析与推断其他力学性能具有重要参考价值。

(2)简单、快速、可靠

拉伸实验仪器发展完善、方法简便、快速。拉伸实验测定的是具有一定体积的材料的平均力学行为,因此实验数据比较稳定可靠。材料的拉伸实验数据比冲击、疲劳、断裂等实验数据要稳定可靠得多。

8.1 基础型教学案例:材料单轴拉伸破坏实验

一、实验目的

(1)掌握低碳钢屈服强度 R_{eL}、抗拉强度 R_m、断后伸长率 A(或 $A_{11.3}$)、断面收缩率 Z 的测定方法。

(2)掌握铸铁抗拉强度 R_m 的测定方法。

(3)观察拉伸实验过程出现的现象。

(4)比较低碳钢与铸铁的拉伸曲线及力学性能指标,并进行断口分析。

二、实验原理

材料的拉伸曲线可以分为载荷-位移、载荷-变形以及应力-应变关系曲线。载荷-位移关系曲线为实验过程中记录的拉力载荷(纵坐标)与夹头位移(横坐标)的关系曲线。载荷-变形关系曲线为载荷与引伸计变形间的关系曲线,应力-应变关系曲线是名义应力与工程应变间的关系曲线。不同类型材料的拉伸曲线是有区别的,图 8-1 所示为部分材料的拉伸曲线。其中低碳钢、中碳钢、橡胶等材料属于塑性材料,其拉伸曲线具有如下特征:(1)拉伸曲线具有分段的特征,如低碳钢在拉伸过程中可以分为四个阶段,即线弹性阶段、屈服阶段、强化阶段和局部变形阶段;而中碳钢等材料在拉伸过程中没有明显的

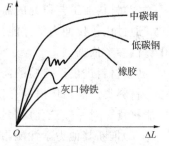

图 8-1 部分材料的拉伸曲线

屈服阶段,但具有其他三个阶段。(2)试样在破断前都存在一个力的下降段。(3)变形较大。铸铁、玻璃钢等属于脆性材料,在拉伸过程中的特征为:(1)拉伸曲线不分段,仅有一个阶段,没有明显的塑性阶段;(2)在最大力的时候突然破断,没有力的下降段;(3)变形比较小。下面分别以低碳钢和铸铁为塑性材料和脆性材料的代表,说明塑性材料和脆性材料拉伸过程各阶段的物理现象及其性能指标的计算。典型低碳钢拉伸曲线如图 8-2 所示。

第一阶段(Ob):弹性阶段

此阶段处于弹性变形阶段。Oa 段的力与延伸段在宏观上保持单值线性关系,即应力-应变关系呈线性关系,满足胡克定律,a 点对应应力一般称为比例极限。在 ab 段会出现滞弹性现象,此时表现为非线性弹性关系,与之对应的应力称为弹性极限。但在工程上 a、b 两点很难区分,因此,一般定义 Ob 段为弹性阶段。

对于金属材料,弹性变形是其晶格中原子在外力作用下在平衡位置附近产生可逆位移的反应。

第二阶段(bf):屈服阶段

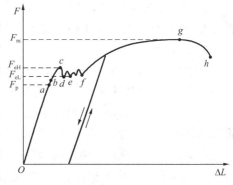

在屈服阶段,试样的伸长量急剧增加,而试验机给出的载荷值在很小的范围内波动。此阶段变形是不可恢复的塑性变形,也可称之为残余变形。

在 bc 段开始出现连续的均匀微小塑性变形。这是由于材料内部所受应力并不是绝对均匀的,一些处于应力集中部位的晶粒内部的位错会发生运动,同时晶粒内存在的小量低能易动位错也会发生运动。

图 8-2　典型低碳钢拉伸曲线

cf 段的塑性屈服变形是不连续的,在试样表面可以观察到滑移线。c 点为不连续屈服的开始点,从 c 点到 d 点产生第一条滑移线。塑性变形在 c 点突然爆发性增加,其变形速率若超过加载速率,载荷值就会下降,即从 c 点降到 d 点。df 为下屈服区,在此区间内,滑移线会从一个源或几个源扩展至整个平行长度范围,同时载荷会呈现小幅的波动。f 点为屈服阶段的结束点,其标志着强化阶段的开始。

滑移线与试样的拉伸轴线约呈 45°,通常在试样最薄弱的横截面处首先发生,或在过渡弧与平行部分连接的应力集中处局部发生,随后扩展至试样的整个平行长度。在扩展期间,应力相对稳定,不会显示出冷作硬化现象。

c 点对应的应力称为上屈服强度 R_{eH}。df 范围内的最低应力称为下屈服强度 R_{eL}(若考虑初始瞬时效应,d 点要除外)。

上屈服力与下屈服力位置判定的基本原则如下:

(1)在发生屈服而力首次下降前,力的第一个峰值为上屈服力,不管其后力的峰值是否超过第一个峰值。

(2)屈服阶段中,若出现两个及以上波谷值载荷,则舍去第一个波谷值,取其后波谷值中的最小值定为下屈服力。若仅存在一个波谷,则将该值判为下屈服力。

(3)屈服阶段中,若出现屈服平台,则该平台对应的载荷判定为下屈服力。若出现多个并且后者高于前者的屈服平台,则判定第一个平台力为下屈服力。

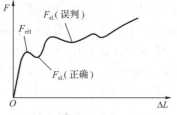

(4)正确的判定结果是下屈服力一定低于上屈服力。

图 8-3 是一个可能会误判的例子,这里用到下屈服力一定低于上屈服力的原则,下屈服力为第一个波谷值。

下屈服强度的计算公式为

图 8-3　上、下屈服力可能误判的例子

$$R_{eL} = F_{eL}/S_0 \tag{8-1}$$

式中:R_{eL} 为下屈服强度,MPa,修约至整数;F_{eL} 为下屈服力,N;S_0 为原始横截面积,mm^2。

因为上屈服强度受加载速率的影响较大,所以一般工程材料所指的屈服强度都是 R_{eL}。确定下屈服强度时,要考虑初始瞬时效应。一般而言,把从上屈服强度向下屈服强度过渡期间的第一个波谷作为初始瞬时效应的影响区,即第一个波谷受惯性影响较大。

第三阶段(fg):强化阶段

此阶段也称为均匀塑性变形阶段,呈现为应变硬化,此阶段的变形包含塑性变形和弹性变形,但塑性变形远大于弹性变形。此时曲线表现为光滑而缓慢地单调上升,宏观上试样变形是均匀的。

材料的应变硬化效应主要是由位错密度引起的。若材料晶体是理想晶体,即不存在任何位错和缺陷,则其具有很高的理论强度。但由于晶体内存在位错和缺陷,材料的实际强度会远低于理论强度。由于塑性变形过程中位错会大量繁殖,产生不同的滑移系及交叉滑移,晶体内部的位错密度会迅速增高,这反过来会阻碍位错的滑移运动,使变形变得困难,必须在更高的应力下才能使位错继续滑移运动。这在宏观上表现为塑性应变硬化效应。

若对试样预先施加拉伸载荷,使之达到强化阶段,然后卸载,此时的卸载线是一条直线,且与线弹性阶段的加载线平行;卸载完成,再增加载荷时,加载线会沿着刚才的卸载线上升,直到前述卸载点位置,并重新进入强化阶段。卸载后重新加载时,试样的线弹性阶段将增大,屈服强度将提高,但此时试样所能经受的塑性变形降低,这种现象称为冷作硬化现象。g 点为拉伸力最大值点,为拉伸局部变形(缩颈)开始点,其对应的力为最大力,用最大力 F_m 除以原始横截面积 S_0 得到抗拉强度 R_m。

抗拉强度计算公式为

$$R_m = F_m / S_0 \qquad\qquad (8\text{-}2)$$

式中:R_m 为抗拉强度,MPa,修约至整数;F_m 为最大力,N;S_0 为原始横截面积,mm²。

抗拉强度是指试样在屈服阶段之后所能抵抗的最大应力。要注意,有些材料的上屈服强度会大于抗拉强度。

第四阶段(gh):局部变形阶段

当拉伸加载至强化阶段的最高点时,应变硬化作用与几何软化作用(试样承载面积减小)达到平衡,载荷不再增加,同时会伴随发生拉伸失稳现象。此时,在试样最薄弱横截面的中心处附近便开始形成微小的洞。这些微小的洞彼此相连便形成微小裂纹,一旦微小裂纹成形,试样受力状态便不再是单向应力状态,而变成三向应力的平面应变状态。反之,三向应力的平面应变状态又促使裂纹迅速扩展,进而导致该横截面中心处发生断裂(表现为拉伸失稳)。与此同时,该位置缩颈变形发生,使得该处横截面的有效承载面积减小,应力亦因此进一步升高,使变形集中于缩颈处,而载荷会快速下降,直至达到 h 点时试样断裂。

在此阶段,由于缩颈而致横截面积减小,真实应力要高于用工程应力表示的抗拉强度,且在缩颈段会出现明显的不均匀伸长,所以称之为局部变形阶段,此时试样的表面会变得粗糙发暗。

以上为低碳钢材料的拉伸曲线特征及其两个强度指标的确定。但对于塑性材料,除了强度指标之外,还要有塑性指标来描述其塑性特征。塑性指标包括两个:断后伸长率 A 和断面收缩率 Z。

断后伸长率 A 的计算公式为

$$A = \frac{L_u - L_0}{L_0} \times 100\% \qquad\qquad (8\text{-}3)$$

式中：L_0 为试样原始标距；L_u 为试样断后标距；A 为断后伸长率(修约至 0.5%)。

断后伸长率 A 根据原始标距不同用不同的下标表示。对于比例试样，原始标距采用原始横截面积的关系 $L_0=k\sqrt{S_0}$ 确定，当采用 $k=5.65$ 的短比例试样时，断后伸长率符号为 A；当采用 $k=11.3$ 的长比例试样时，断后伸长率符号为 $A_{11.3}$；对于非比例试样，断后伸长率符号用原始标距长度来标注。例如，$A_{80\text{mm}}$ 表示原始标距为 80 mm 试样的断后伸长率。

断后标距的测定：将试样断裂部分仔细地配接在一起，使其轴线处于同一直线上，并采取适当措施(例如，通过螺丝施加压力等)确保试样断裂部分适当接触，在断裂处无法消除的缝隙要包括在断后伸长中。

原则上只有断裂处与最接近的标距标记的距离不小于原始标距的三分之一时才有效。但断后伸长率不小于规定值时，无论断于何处均有效(例如，进行材料质量判定时)。

若断裂处与最接近的标距标记的距离小于原始标距的三分之一，则可用移位法测定断后伸长率，具体做法为：

实验前，将试样原始标距 L_0 细分为 5 mm(推荐)到 10 mm 的 N 等分。

实验后，以符号 X 代表断裂后试样的短段的标距标记，以符号 Y 代表断裂后试样的长段的等分标记，此标记与断裂处的距离最接近于断裂处至标距标记 X 的距离。

若 X 与 Y 之间的分格数为 n，如图 8-4(a)所示，当 $N-n$ 为偶数时，找出 Z 点，Y 与 Z 之间的距离为 $\dfrac{N-n}{2}$ 个分格。测量出 X 与 Y 之间的距离 L_{XY}，测量出 Y 与 Z 之间的距离 L_{YZ}。则 $A=\dfrac{L_{XY}+2L_{YZ}-L_0}{L_0}\times100\%$。

如图 8-4(b)所示，当 $N-n$ 为奇数时，找出 Z' 和 Z'' 点，Y 与 Z' 之间的距离为 $\dfrac{N-n-1}{2}$ 个分格，Y 与 Z'' 之间的距离为 $\dfrac{N-n+1}{2}$ 个分格。测量出 X 与 Y 之间的距离 L_{XY}，测量出 Y 与 Z' 之间的距离 $L_{YZ'}$，测量出 Y 与 Z'' 之间的距离 $L_{YZ''}$。则 $A=\dfrac{L_{XY}+L_{YZ'}+L_{YZ''}-L_0}{L_0}\times100\%$。

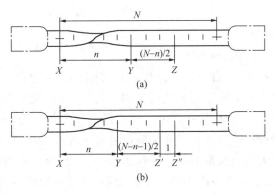

图 8-4 移位法测断后伸长率

断面收缩率 Z 的计算公式为

$$Z=\frac{S_0-S_u}{S_0}\times100\%\qquad(8\text{-}4)$$

式中：S_0 为试样原始横截面积，mm^2；S_u 为试样断后最小横截面积，mm^2；Z 为断面收缩率（修约至 1%）。

测量断面收缩率时，把试样断裂部分配接并适当接触在一起，确保其轴线为同一直线。若试样为圆形横截面，则最小横截面直径测量位置为缩颈最小处（要注意缩颈最小处并不一定是断口位置），要在互相垂直方向上测量并取算术均值计算。若试样为矩形横截面，则最大横截面通常取缩颈处的最大宽度与最小厚度的乘积。

三、实验试样

考虑到加工方便，最常用的拉伸试样的横截面为圆形和矩形。试样的横截面形状可能对其拉伸性能有影响。同一材料，采用不同横截面形状的试样进行实验，对下屈服强度、规定塑性延伸强度和抗拉强度等性能指标影响不明显；但对上屈服强度、断后伸长率和断面收缩率等性能指标影响较明显。同一材料，圆形横截面试样的断后伸长率比矩形横截面的高；随着试样肩部过渡的缓和，上屈服强度会明显上升。另外，对于脆性材料，一般随着试样横截面积的减小，其抗拉强度和断面收缩率会有所增加。

本教学案例采用经机械加工的带肩光滑圆截面比例试样，试样形状如图 8-5 所示。

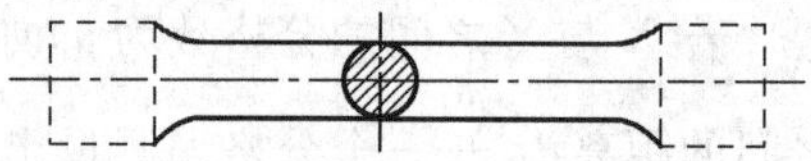

图 8-5　带肩光滑圆截面比例试样

材料分别为低碳钢和铸铁，每种材料各测试 1 根试样。

四、实验仪器设备

(1) 电子万能试验机，准确度等级为 1 级。
(2) 游标卡尺，分度值为 0.02 mm。
(3) 打标点装置（标点冲、托槽和手锤）。

五、实验程序

(一) 低碳钢试样拉伸

(1) 打开电子万能试验机，预热 1～2 min。
(2) 用砂纸打磨试样表面，直至表面比较光亮（便于观察滑移线）。
(3) 测量试样尺寸。本实验采用长比例试样，试样公称直径为 10 mm，则试样原始标距为 100.00 mm，直接在实验表格中记录。用游标卡尺测量直径，在标距范围内取三处有代表性的横截面进行测量（靠近标点和中间位置各一处）。每处要在互相垂直的方向上分别测量，取平均值作为该处横截面尺寸的代表值，并算出该处横截面的面积，最后取三处已计算出的横截面积的平均值作为原始横截面积，并将测量结果记录到表 8-1 中。

表 8-1　　　　　　　　　　　　　　　　　原始记录表

试样	直径/mm								原始标距/mm	原始横截面积/mm²	上屈服力/kN	下屈服力/kN	最大力/kN	断后标距/mm
	截面Ⅰ		截面Ⅱ		截面Ⅲ		断后最小截面							
	0	90°	0	90°	0	90°	0	90°						
低碳钢														
铸铁										/		/	/	/

（4）由指导教师介绍试验机的相关知识、操作方法及注意事项。

（5）设置试验机参数，包括加载速率设定、力值调零、拉伸曲线显示设置等。

实验速率的确定原则：在不影响力学性能测定的前提下兼顾工作效率。

（6）装夹试样。试样安装时先安装带万向节的夹持端（上端），后安装固定夹持端（下端），安装过程要注意试样对中。装夹试样后，试验机的力值不再调零。

（7）试样固定好后，试验机位移调零。

（8）启动加载程序，开始拉伸实验。观察拉伸过程中不同阶段的现象。注意观察屈服阶段的滑移线、冷作硬化现象及缩颈现象。试验机控制采集软件连续记录并绘制力-位移曲线。

（9）试样拉断后，停止加载。在拉伸曲线上查找上屈服力 F_{eH}、下屈服力 F_{eL} 与最大拉力值 F_m。

（10）卸下拉断后的试样。按其断口形式沿其轴线尽量配接在一起，测量断后标距与断后最小直径。断后最小直径要在互相垂直的方向上测量，取平均值作为断后最小截面直径，测量数据记录至表 8-1 中。

（二）铸铁试样拉伸

（1）方法同低碳钢。

（2）不打磨试样。

（3）不打标点。

（三）断口分析

（1）两种试样的拉伸实验全部完成后，比较两种试样断口形貌，并进行断口分析。

（2）关闭计算机及控制器电源，清理实验场地。

六、实验数据处理

（1）计算原始横截面积，计算结果保留四位有效数字。

（2）根据式（8-1）～式（8-4）分别计算低碳钢材料上屈服强度、下屈服强度、抗拉强度、断后伸长率、断面收缩率、铸铁材料的抗拉强度。

（3）实验结果的修约要求：

强度指标修约至 $1\ \text{N/mm}^2$。

断面收缩率修约至 1%。

断后伸长率修约至 0.5%。

七、思考讨论题

(1)为什么不顾试样断面面积的明显缩小,仍以原始横截面面积计算低碳钢的抗拉强度?

(2)从不同的断口形状说明低碳钢和铸铁的破坏形式及原因。

(3)试讨论环境温度、加载速率等对材料强度和塑性的影响。

8.2 基础型教学案例:材料规定塑性延伸强度的测定实验

在工程领域,对没有明显屈服现象的金属材料,通常取规定塑性延伸强度 $R_{p0.2}$ 作为当量屈服点。

对拉伸过程中具有明显直线段的材料,若采用先进的万能试验机,则可通过加载过程的连续采集记录和程序的自动计算得到 R_p;若加载过程不能连续采集记录,则可采用本节的方法测定 R_p。

一、实验目的

(1)掌握规定塑性延伸强度 R_p 的概念。

(2)掌握用逐级加载法测定高碳钢的规定塑性延伸强度 R_p。

二、实验原理

当材料呈现明显屈服(不连续屈服)时,应测定上屈服强度和下屈服强度或仅测定下屈服强度。当材料呈现无明显屈服(连续屈服)时,应测定规定塑性延伸强度。判定连续屈服的基本原则:拉伸时,当试样从弹性变形阶段进入塑性变形阶段,应力保持持续增加状态,即使增加很小(只要试验仪器能分辨或显示出),也属于无明显屈服状态。

测定规定塑性延伸强度时,不管在达到规定塑性延伸强度之前是否有高于它的应力出现,均以规定塑性延伸率对应的应力为规定塑性延伸强度。

规定塑性延伸强度有三种测定方法:常规平行线法、滞后环法和逐步逼近法。

方法一:常规平行线法

常规平行线法适用于具有明显弹性直线段的材料。

采用图解法,用引伸计绘制应力-延伸率曲线(R-e 曲线)。对弹性范围内存在线性段的应力应变曲线,在延伸率坐标轴上过延伸率等于 0.2% 的点作一与曲线的线性段平行的直线,该直线与曲线的交点对应的应力即为规定塑性延伸强度 $R_{p0.2}$,如图 8-6 所示。

$R_{p0.5}$、$R_{p0.05}$、$R_{p0.01}$ 的做法同 $R_{p0.2}$。

方法二:滞后环法

滞后环法适用于弹性阶段无明显直线段的材料,对具

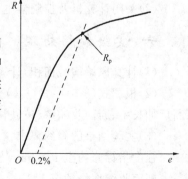

图 8-6 平行线法

有明显弹性直线段的材料不采用此方法。具有明显弹性直线段的材料,若采用滞后环法,会使测得的规定塑性延伸强度值偏高,原因在于滞后环法是以再施力曲线与卸力曲线的近似平均斜率作为参照斜率,而这一近似平均斜率总比首次施力的直线斜率小。

绘制应力-延伸率曲线,加载至超过预期的 R_p 后,将力降至约为已达到力的10%。然后再加载并超过原来已达到的力。过滞后环作一直线,过横轴上与曲线原点的距离等效于所规定的塑性延伸率的点作平行于此直线的平行线,平行线与曲线的交点所对应的力与试样原始横截面积之比即为 R_p,如图8-7所示。

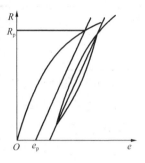

图 8-7 滞后环法

方法三:逐步逼近法

逐步逼近法既适用于具有明显弹性直线段的材料,又适用于无明显弹性直线段的材料。

该方法建立在"表观比例极限不低于规定塑性延伸强度的一半"的假设基础上。

以 $R_{p0.2}$ 为例,加载至超过预期的 $R_{p0.2}$ 的范围并记录应力-延伸率曲线。在曲线上任意估取 A_0 点作为 $R_{p0.2}^0$,在曲线上找到 $0.1R_{p0.2}^0$ 与 $0.5R_{p0.2}^0$ 对应的 B_1 与 D_1 点,作直线 B_1D_1。从曲线原点 O(必要时进行原点修正)在延伸率轴上截取 OC 段,使得 $OC=0.2\%$,过 C 点作 B_1D_1 的平行线 CA_1 交曲线于 A_1 点。若 A_1 与 A_0 重合,$R_{p0.2}^0$ 即为 $R_{p0.2}$。若 A_1 与 A_0 未重合,则按上述步骤进一步逼近。取 A_1 点作为 $R_{p0.2}^1$,在曲线上确定 $0.1R_{p0.2}^1$ 与 $0.5R_{p0.2}^1$ 的 B_2 与 D_2 两点,作直线 B_2D_2。过 C 点作 B_2D_2 的平行线 CA_2 交曲线于 A_2 点,如此逐步逼近,直至最后一次得到的交点 A_n 与前一次的交点 A_{n-1} 重合。此时,$R_{p0.2}^n$ 即为 $R_{p0.2}$。

最终得到的直线的斜率一般可以作为确定其他规定塑性延伸强度的基准斜率。

逐步逼近法对强度很低的软铝并不适用。

三、实验试样

经机械加工的光滑圆截面高碳钢试样,形状如图8-5所示。

四、实验仪器设备

(1)电子万能试验机,准确度级别为1级。

(2)游标卡尺,分度值为0.02 mm。

(3)引伸计,标距为50 mm。

五、实验程序

(1)打开电子万能试验机,预热(预热要求见仪器说明书)。

(2)测量试样尺寸。用游标卡尺测量直径,在标距范围内取三处有代表性的横截面进行测量。每处要在互相垂直的方向上分别测量,取平均值作为该处横截面尺寸的代表值,并算出该横截面的面积。最后取三处测量横截面积的平均值作为原始横截面积。将测量结果记录到表8-2中。

表 8-2   记录表格

材料	直径/mm						引伸计标距/mm	原始横截面积/mm²
	截面Ⅰ		截面Ⅱ		截面Ⅲ			
	0	90°	0	90°	0	90°		

（3）设置试验机参数，包括加载速率设定、力值调零及显示设置等。

（4）先安装带万向节的夹持端（上端），后安装固定夹持端（下端），安装过程要注意试样对中。装夹试样后，试验机的力值不再调零。

（5）施加相当于预期 $R_p/10$ 的初始力 $F_p/10$。安装引伸计，并对引伸计调零。一般采用橡皮筋把引伸计捆绑固定在试样平行段上。

（6）在相当于预期 F_p 的 $70\%\sim80\%$ 分等级施加力，然后施加小等级力（一般取值 20 N/mm² 左右）。

（7）记录每一级力下相应的引伸计读数，记录到表 8-3 中。

表 8-3   逐级加载法测定规定塑性延伸强度记录表

荷载/N	引伸计读数/mm	引伸计读数增量/mm	弹性延伸计算值/mm	塑性延伸计算值/mm

（8）从各级力的总延伸读数中减去由同级力值计算所得的弹性延伸读数，其差值即为塑性延伸读数，当达到或略超过规定值时停止。

（9）整理数据，用内插法求出 F_p，进而得到 R_p。

（10）关闭试验机，清理现场。

六、实验数据处理

（1）原始横截面积要保留四位有效数字。

（2）计算公式：$R_p=F_p/S_0$。

（3）R_p 修约至 1 N/mm²。

七、工程实践案例

某工厂有一机械零件用钢，要测定其 $R_{p0.01}$，对钢材取样，制作如图 8-5 所示试样。设试样直径为 10 mm，横截面积为 78.5 mm²，引伸计标距为 50 mm，预期 $R_{p0.01}$ 为 600 N/mm²。

案例分析：

（1）设定初始力 $F_0=600\times78.5\times10\%=4\,710$ N，取整为 5 kN。

（2）计算大等级力 $F=600\times78.5\times80\%=37\,680$ N，取整为 37 kN。假设从 F_0 到 F

分四级等间距加载,则每一级力为 8 kN。

(3)计算小等级力。设小等级间距取 25 MPa,则小等级力为 $25 \times 78.5 = 1\,962.5$ N,取整为 2 kN。

(4)计算 $R_{p0.01}$ 所要求的延伸量为 $0.01\% \times 50 = 0.005$ mm。小等级力 2 kN 一直加到塑性延伸稍微超过 0.005 mm 时为止。实验数据的记录及计算见表 8-4。

表 8-4 　　　　　　　　　逐级加载法测定规定塑性延伸强度实验数据

荷载/kN	引伸计读数/mm	引伸计读数增量/mm	增量为 2 kN 时的弹性延伸计算值/mm	塑性延伸计算值/mm
5	0.020	—		
13	0.045	0.025		
21	0.069	0.024		
29	0.230	0.023	0.006	
37	0.116	0.024		
39	0.122	0.006		
41	0.128	0.006		
43	0.135	0.007	0.134	0.001
45	0.143	0.008	0.140	0.003
47	0.155	0.012	0.146	0.009
49	0.172	0.017	0.152	0.020

(5)计算小等级力 2 kN 下的平均弹性延伸为 $(0.128 - 0.020) \div (41 - 5) \times 2 = 0.006$ mm。

(6)计算弹性延伸与塑性延伸。根据 37 kN 以下的线弹性阶段确定 1 kN 的弹性变形量为 0.003 mm,从而可以得到各级荷载下的弹性变形量。总延伸减去弹性延伸就是塑性延伸,结果列于表 8-4 中。

(7)利用插值法求 $F_{p0.01}$。对应的塑性延伸为 0.005 mm,在 $45 \sim 47$ kN,则 $F_{p0.01} = 45 + \dfrac{47 - 45}{0.009 - 0.003} \times (0.005 - 0.003) = 45.667$ kN,故 $R_{p0.01} = \dfrac{45.667 \text{ kN}}{78.5 \text{ mm}^2} \approx 582$ N/mm²。

八、思考讨论题

(1)规定塑性延伸强度是如何定义的?

(2)为何要用规定塑性延伸强度来代替比例极限和弹性极限?

8.3　基础型教学案例:静态法测定材料的杨氏模量与泊松比实验

弹性模量和泊松比的测定方法分为静态法和动态法两类。

在弹性模量和泊松比的测定方法中,静态法是普遍采用的一种方法。动态法在一些特殊场合有独特的优势,例如高温环境下的测量等。

本节主要介绍杨氏模量和泊松比的静态测定方法。

一、实验目的

(1)熟练掌握测定材料杨氏模量与泊松比的拟合法。

(2)验证胡克定律。

(3)熟悉并掌握电阻应变测量技术。

二、实验原理

1. 拉伸杨氏模量 E_t 的测定

杨氏模量 E 表示材料原子间结合力的程度,杨氏模量大的原子间结合力大。杨氏模量表征的是材料的刚度特性,即材料抵抗弹性变形的能力。工程上,以产生单位弹性变形所需要的应力作为刚度的度量。杨氏模量 E 主要取决于晶格常数,化学成分一定的金属,其晶格常数是守恒的,所以杨氏模量是较稳定的物理常数,少量的化学成分改变,冷、热加工,热处理等对金属材料的杨氏模量无重大影响。但温度对杨氏模量的影响很大,随着温度上升,杨氏模量会有所下降。通常正火后的钢材室温下的杨氏模量为 196～206 GPa。

材料的拉伸杨氏模量 E_t 是轴向拉伸应力与轴向拉伸应变呈线性比例关系范围内的轴向应力与轴向应变的比值。即

$$E_t = \frac{\sigma}{\varepsilon} = \frac{F}{S_0 \varepsilon} \tag{8-5}$$

式中,σ 为轴向应力,ε 为轴向应变,F 为轴向拉力,S_0 为试样横截面积。

测定拉伸杨氏模量时施加的应力不能超过比例极限。

采用电阻应变计测拉伸杨氏模量时,矩形截面试样最小宽度要比电阻应变计基底宽度多至少 2 mm,圆截面试样平行长度部分的直径应不小于 10 mm。

2. 泊松比 μ 的测定

拉伸时试样横截面积会发生变化,表明存在横向应变。在弹性范围内,横向应变与纵向应变的负比值为泊松比 μ。泊松比无量纲,即

$$\mu = -\varepsilon'/\varepsilon \tag{8-6}$$

式中,ε' 为横向应变,ε 为轴向应变。

测定泊松比时施加的应力不能超过比例极限。

三、实验试样

测定杨氏模量一般采用矩形截面或圆形截面试样。测定泊松比一般采用矩形截面试样。

本案例采用矩形截面试样,经机械加工的矩形截面试样如图 8-8 所示。在试样的正反面对称布置电阻应变计,R_1 和 R_4 为纵向

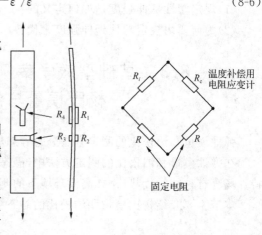

图 8-8 矩形截面试样及电路

电阻应变计(平行于拉伸方向布置),R_2 和 R_3 为横向电阻应变计(垂直于拉伸方向布置)。

四、实验仪器设备

(1)电子万能试验机,准确度级别为 1 级。

(2)静态电阻应变仪,分辨力为 1 $\mu\varepsilon$。

(3)电阻应变计,电阻值为 120 Ω。

(4)游标卡尺,分度值为 0.02 mm。

五、实验程序

(1)确定试样尺寸。本教学案例采用矩形截面钢试样,试样横截面宽度为 30 mm,厚度为 7.5 mm。

(2)确定加载方案。采用等间距加载并分 8 级加载。最大载荷不能超出试样的比例极限。

(3)按照 1/4 桥方式接线,如图 8-8 所示。将工作用电阻应变计与温度补偿用电阻应变计分别连接到静态电阻应变仪的指定接线柱上。

(4)打开电阻应变仪,预调平衡,设定灵敏系数(按电阻应变计说明书要求设置)。预加载并卸载,检查仪器的运行情况。

(5)正式开始加载测量。记录每级力和对应的应变读数至表 8-5 中,记录时注意应变读数的正负号。重复加载三遍。

(6)测完一个工作用电阻应变计后,换另一工作用电阻应变计,重复步骤(5)。

(7)实验结束,卸除试样,关闭试验机,清理现场。

六、数据处理

(1)测量数据记录表格(表 8-5)。

表 8-5 应变测量结果

力值/kN	第一遍读数/$\mu\varepsilon$				第二遍读数/$\mu\varepsilon$				第三遍读数/$\mu\varepsilon$			
	正纵	正横	反纵	反横	正纵	正横	反纵	反横	正纵	正横	反纵	反横
$F_1=3$												
$F_2=6$												
$F_3=9$												
$F_4=12$												
$F_5=15$												
$F_6=18$												
$F_7=21$												
$F_8=24$												

(2)采用逐差法计算。若 F_1、F_2、F_3、F_4、F_5、F_6、F_7、F_8 对应的应变读数分别为 ε_1、ε_2、ε_3、ε_4、ε_5、ε_6、ε_7、ε_8,将测量数据按顺序分成 ε_1、ε_2、ε_3、ε_4 和 ε_5、ε_6、ε_7、ε_8 两组,并按照下式所

示进行计算。

$$\Delta \varepsilon = \frac{1}{4} \left[\frac{(\varepsilon_5 - \varepsilon_1)}{4} + \frac{(\varepsilon_6 - \varepsilon_2)}{4} + \frac{(\varepsilon_7 - \varepsilon_3)}{4} + \frac{(\varepsilon_8 - \varepsilon_4)}{4} \right] \tag{8-7}$$

式中，$\Delta \varepsilon$ 为 $\Delta F = 3$ kN 时对应的纵向应变增量。同理可得 $\Delta F = 3$ kN 时对应的横向应变增量 $\Delta \varepsilon'$。

$$E_t = \frac{\Delta F}{S_0 \Delta \varepsilon} \tag{8-8}$$

$$\mu = -\Delta \varepsilon' / \Delta \varepsilon \tag{8-9}$$

(3)杨氏模量保留三位有效数字，泊松比保留两位有效数字。

七、思考讨论题

(1)为何在试样正反面粘贴电阻应变计并取平均值计算？
(2)采用等间距加载有何好处？

8.4 拓展型教学案例：材料的拉伸蠕变与拉伸应力松弛实验

蠕变：在应力保持不变的条件下，固体材料的应变随时间延长而增加的现象。

1905 年，英国人 F. Philips 观察到金属丝的蠕变现象。

1910 年，英国人 Andrade 证实几种纯金属具有相同的蠕变特点。

1922 年，英国人 Dickenson 发布钢的蠕变试验结果。

20 世纪 20 年代，蠕变试验成为高温金属材料必须进行的性能试验之一。

许多工程领域在设计选材时需要考虑材料的蠕变问题。例如，汽轮机、锅炉、化工设备及航空发动机等。通常温度达到金属材料熔点温度的 30% 时，需要考虑蠕变带来的问题。对于钢材，温度超过 300 ℃ 后，就会产生不同程度的蠕变现象。

应力松弛：在总变形恒定的条件下，固体材料的弹性形变不断转变为塑性变形，应力不断减小。应力松弛实质上是应力不断减小条件下的蠕变行为。

应力松弛试验的工程意义：可确定螺栓连接件长期使用时保持足够紧固力所需的初始应力；可预测密封垫密封度的减小程度；可确定弹簧弹力的降低程度；可确定预应力混凝土中钢材的稳定性；可判明对锻件、铸件与焊接件消除残余应力时所需的热处理条件等。

一、实验目的

(1)熟悉金属材料在长期载荷作用下的蠕变特征及测定方法。
(2)熟悉金属材料在长期载荷作用下的应力松弛特征及测定方法。
(3)了解金属材料蠕变特征与应力松弛特征的影响因素。

二、实验设备

(1)应力松弛试验机，准确度级别为 1 级。

（2）高温蠕变试验机，准确度级别为1级。

（3）游标卡尺，分度值为0.02 mm。

三、实验原理

1.蠕变

蠕变性能一般用延伸率 e 与时间 t 的关系曲线来表示。

典型蠕变曲线如图8-9所示，分为 OA、AB、BC、CD 四段。

OA 段为瞬时弹性变形，是由初始加载力引起的。

AB 段变形速率随时间延长而减小，即图8-9中第Ⅰ阶段。

BC 段为蠕变稳定阶段，即图8-9中第Ⅱ阶段，蠕变速率接近常数。

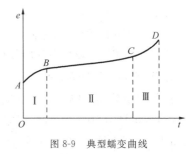

图8-9　典型蠕变曲线

CD 段为蠕变加速阶段，即图8-9中第Ⅲ阶段，蠕变速率随时间延长而增加，在 D 点发生断裂。

材料的蠕变曲线会随温度与应力的改变而改变。蠕变试验时间根据高温下材料的使用寿命来设定。例如，在高温下长期运行的锅炉、汽轮机等所用材料，一般要求进行 100 000～200 000 h 的蠕变试验。

金属材料高温蠕变的性能指标为蠕变极限。一定温度下，试样在蠕变第Ⅱ阶段产生规定蠕变速率的应力，为以蠕变速率测定的蠕变极限；一定温度下，规定时间间隔内试样产生规定延伸率的应力，为以延伸率测定的蠕变极限。

若温度恒定，第Ⅱ阶段的蠕变速率与应力在对数坐标下呈线性关系。蠕变极限可用内插法或外推法求得。外推时，在时间上只能外推一个数量级。影响蠕变试验结果的因素包括温度控制的长期稳定性、形变测量准确度和试样加工工艺等。

蠕变断裂抗力的判据是持久强度极限，即在一定温度下的规定时间内不产生断裂的最大应力。对高温运转中仅考虑使用寿命的结构件，持久强度极限是非常重要的设计依据。持久强度试验只确定试样的断裂时间。若温度恒定，断裂时间与应力在对数坐标下呈线性关系，持久强度极限可用内插法或外推法得到。外推时间不能超过试验时间的10倍。

金属的持久塑性用试验断裂后的伸长率与断面收缩率来表征。持久强度缺口敏感性是相同断裂条件下缺口试样与光滑试样持久强度极限的比值。持久强度缺口敏感性越高，脆断越早发生。持久塑性和持久强度缺口敏感性是高温金属材料的重要性能指标。

2.应力松弛

在图8-10典型应力松弛试验曲线中，曲线中第Ⅰ阶段持续时间较短，应力随时间急剧下降。第Ⅱ阶段持续时间较长，并趋于恒定。一般以规定时间 t 后的剩余应力 σ_{rt} 作为金属应力松弛抗力的判据。

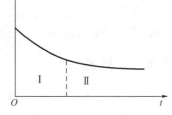

图8-10　典型应力松弛试验曲线

试验条件对应力松弛试验结果影响显著。控制总形变量的恒定性和温度的稳定性是保证试验结果有良好重现性的关键。

四、实验程序

(1)测定图 8-9 所示的典型蠕变曲线时,记录数据的时间间隔规定如下:

低于 1 000 h 的试验,每间隔 25 h 记录一次数据。

低于 3 000 h 的试验,每间隔 50 h 记录一次数据。

长时间试验,记录数据的时间间隔为 100 h、250 h、1 000 h、2500 h、5 000 h、10 000 h,以后直至 40 000 h 每 5 000 h 记录一次。

根据记录数据绘制拉伸蠕变曲线。

(2)测定图 8-10 所示的典型应力松弛曲线时,记录数据的时间间隔为 1 min、3 min、6 min、9 min、15 min、30 min、45 min、1 h、1.5 h、2 h、4 h、8 h、10 h、24 h,以后每隔 24 h 记录一次,直至试验结束。

依据记录数据绘制拉伸应力松弛曲线。

五、思考讨论题

(1)拉伸应力松弛和拉伸蠕变的区别在哪里?

(2)拉伸应力松弛试验应注意哪些关键因素?

(3)拉伸蠕变试验应注意哪些关键因素?

8.5 拓展型教学案例:材料真实应力－应变曲线及拉伸应变硬化指数的测定实验

应变硬化现象体现了材料抵抗继续塑性变形的能力,是材料非常可贵的性质之一,对于金属薄板更是如此。假如材料仅有塑性变形而无应变硬化,要想得到截面均匀一致的冷变形产品是不可能的,正因为材料塑性变形和应变硬化两者兼备,相互配合,即哪里有变形哪里就有硬化,使得变形推移到别处,最后才得到截面均一的金属制品。应变硬化指数就是用于描述薄板材料应变硬化的指标。

一、实验目的

(1)了解真实应力－应变的定义及工程应力－应变的关系。

(2)掌握真实应力－应变曲线的测定方法。

(3)测定钢材的拉伸应变硬化指数。

二、实验原理

拉伸试样进入屈服阶段以后,塑性变形占主要成分,在量值上远大于弹性变形,试样会逐步变细。进入强化阶段以后,这种现象更明显。用原始横截面积 S_0 和原始标距 L_0

表示的应力和应变已经不能准确表示横截面上的真实应力和标距部分的真实应变。

真实应力 σ 为某一瞬时的力 F 与该瞬时的真实横截面积 S 的比值。即

$$\sigma = F/S \tag{8-10}$$

考虑到真实应力,则工程应力－应变曲线在局部变形阶段的曲线下降是不符合材料真实抗力情况的,应该是不断上升,这样才能说明颈缩开始后材料仍在不断应变硬化。

某一瞬时伸长增量 dL 除以当时标距长度 L,所得的应变增量对形变历程的累积总和为真应变 ε,其计算公式为

$$\varepsilon = \int_{L_0}^{L} \frac{dL}{L} = \ln \frac{L}{L_0} = \ln \frac{L_0 + \Delta L}{L_0} = \ln(1+e) \tag{8-11}$$

上式说明了真应变 ε 与工程应变 e 的关系。

引用均匀塑性变形的体积不变假设,即

$$LS = L_0 S_0 \tag{8-12}$$

则真实应力 σ 与工程应力 R 之间的关系为

$$\sigma = F/S = FL/(L_0 S_0) = R(1+e) \tag{8-13}$$

塑性材料进入应变硬化阶段后,可用数学函数描述真实应力 σ 与真实塑性应变 ε_p 的曲线关系,其表达式为

$$\sigma = C \varepsilon_p^n \tag{8-14}$$

式中,n 为拉伸应变硬化指数,表示的是金属材料在均匀塑性变形阶段的应变硬化性能;C 为材料强度系数。

对上式两边同时取对数,得到

$$\lg \sigma = \lg C + n \lg \varepsilon_p \tag{8-15}$$

由此可见,双对数坐标下真实应力与真塑性应变关系为直线方程,直线的斜率为硬化指数。

三、实验仪器设备

(1)电子万能试验机,准确度级别为 1 级。

(2)游标卡尺,分度值为 0.02 mm。

(3)引伸计,标距为 50 mm。

四、实验试样

矩形截面薄板试样。试样形状如图 8-11 所示。

对厚度不超过 3 mm 的金属薄板试样,较广泛使用的是三种非比例试样:第一种试样平行长度部分的宽度为 12.5 mm,原始标距为 50 mm;第二种试样平行长度部分的宽度为 20 mm,原始标距为 80 mm;第三种试样平行长度部分的宽度为 25 mm,原始标距为 50 mm。

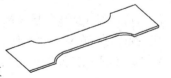

图 8-11　薄板试样

五、实验程序

（1）打开电子万能试验机，预热。

（2）测量试样尺寸。用游标卡尺测量宽度和厚度。在标距范围内取三处有代表性的横截面进行测量（通常取标距两端及中间），并算出所测截面的横截面积。最后取三处测量横截面积的平均值作为原始横截面积。

（3）设置试验机参数。例如，力值调零、加载速率设定等。在塑性变形阶段，试样平行长度部分的应变速率不得超过 0.008/s。

（4）安装试样，注意对中，保证试样轴向受力。

（5）安装引伸计并调零。

（6）开始加载，持续均匀加载，加载至最大力值时停止试验。试验机采集分析软件同步记录力－变形曲线。

（7）卸下试样，关闭试验机，清理现场。

六、数据处理

在整个均匀塑性变形阶段测定硬化指数时，测量应变的上限要稍小于最大力所对应的应变。

在整个均匀塑性变形阶段测定硬化指数时，当材料呈现单调上升的均匀变形行为时，测量应变的下限应稍大于测定抗拉强度的试验速率切换点对应的应变量。

在整个均匀塑性变形阶段测定硬化指数时，当材料呈现明显屈服时，测量应变的下限应稍大于应变硬化起始点和测定抗拉强度的试验速率切换点对应的应变量。

真实应力按式 $\sigma=\dfrac{F(L_0+\Delta L)}{S_0 L_0}$ 计算，L_0 为引伸计标距。

真实应变按式 $\varepsilon=\ln\left(\dfrac{L_0+\Delta L}{L_0}\right)$ 计算。

依据真实应力和真实应变数值绘制真实应力－应变曲线。

真实塑性应变按式 $\varepsilon_p=\ln\left(\dfrac{L_0+\Delta L}{L_0}-\dfrac{F}{S_0 m_E}\right)$ 计算，m_E 为应力－应变曲线弹性部分的斜率。

均匀塑性变形阶段在测量应变的上限与下限范围内，至少取以几何级数分布的 5 个应变数据点，在双对数坐标下用最小二乘法拟合直线，直线斜率就是硬化指数。

应变硬化指数修约到 0.01。

七、思考讨论题

（1）缩颈阶段，塑性材料的抗拉强度是不断增长还是不断降低？

（2）试想缩颈开始时的真应变与该瞬时的硬化指数是什么关系？

第9章

压缩实验

实际工程中的许多构件或材料会承受压缩作用。例如,桁架中的压杆、楼房用的混凝土柱、汽车中的连杆等。这就需要进行压缩实验研究。

基于压缩实验可以得到材料在压缩力作用下的力学行为(例如,强度、变形与破坏特征等)。这可为材料的实际应用提供参考依据。

工程中的大多数构件是在弹性范围内工作的。对一般塑性金属材料,弹性范围内拉伸与压缩的力学行为几乎一致。因此,对此类材料一般只做拉伸实验而不做压缩实验。

对于脆性材料,拉伸性能与压缩性能则完全不同。脆性材料的抗压强度通常远大于抗拉强度。因此,对脆性材料而言,压缩实验具有重大意义。单轴压缩的应力状态软性系数为2,很适合于脆性材料(例如,轴承合金、灰口铸铁、铸铝合金、混凝土等)的力学性能实验。

从理论上讲,压缩可被看作反向的拉伸。材料在拉伸时表现出来的强度性能指标在压缩时同样存在。材料拉伸性能指标的定义同样会适用于压缩性能指标,不同的是材料在拉伸中的轴向伸长与截面收缩,在压缩中却是轴向缩短与截面膨胀,同时材料的压缩破坏特性与拉伸破坏特性也不一样。对塑性材料,压缩时只能被压扁,一般不会破碎。

压缩实验时,试样端面与压缩夹具端面会存在很大的摩擦力,这将阻碍试样端部的横向变形,影响实验结果的准确性。试样的高度与直径之比越小,端面摩擦力对实验结果的影响就越大。为减小其影响,制作试样时要适当增加高径比。

对受压构件,还会涉及压杆稳定性问题。但依据压缩实验的定义,压杆稳定性问题不属于压缩实验的范畴,所以本章不涉及压杆稳定性实验内容。

9.1 基础型教学案例:材料单轴压缩破坏实验

一、实验目的

(1)熟练掌握低碳钢的下压缩屈服强度 R_{eLc} 的测定方法。

(2)熟练掌握灰口铸铁的抗压强度 R_{mc} 的测定方法。

(3)了解不同材料的压缩破坏形式。

二、实验原理

典型的低碳钢与灰口铸铁压缩曲线（实线）与拉伸曲线（虚线）的比较如图 9-1 所示。

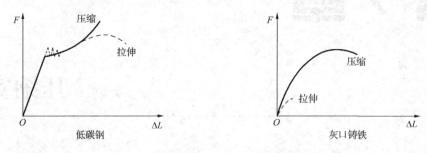

图 9-1　典型压缩曲线与拉伸曲线比较

1. 性能指标的测定方法

材料的压缩性能指标与拉伸性能指标基本相同。单轴压缩性能指标有：规定塑性压缩强度 R_{pc}、规定总压缩强度 R_{tc}、上压缩屈服强度 R_{eHc}、下压缩屈服强度 R_{eLc}、压缩弹性模量 E_c 及抗压强度 R_{mc} 等。其测定方法与相应拉伸性能指标的测定方法一致。

对板状试样，考虑到压杆稳定性问题，一般需要借助约束装置进行压缩实验。约束装置应具备的条件是：试样在低于规定力的作用下不会发生屈曲；不影响试样轴向自由收缩及沿宽度和厚度方向的自由膨胀；加载过程中摩擦力为定值。典型的板状试样压缩约束装置如图 9-2 所示，图中两个夹板的夹紧力一般要求为：使得摩擦力不大于 F_{eLc}（下屈服压缩力）或 $F_{pc0.2}$（规定塑性压缩 0.2％时的压缩力）估计值的 2％。

依赖于约束装置进行压缩实验，约束装置会对板状试样作用摩擦力，假设摩擦力平均分布在试样表面。可采用图解法消除摩擦力的影响，进而确定实际压缩力。具体做法：在自动绘制的 F-ΔL 曲线（力-变形曲线）上，沿弹性直线段，反延直线交原横坐标轴于 O'' 点，在原横坐标轴原点 O' 与 O'' 的连线中点，作垂线交反延直线于 O 点，O 点即为力—变形曲线的真实原点，过 O 点作平行原坐标轴的直线，即为修正后的坐标轴，实际压缩力可在新坐标轴上直接判读。如图 9-3 所示。

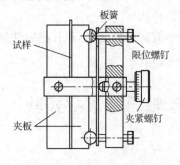

图 9-2　板状试样压缩约束装置

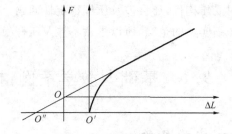

图 9-3　图解法确定实际压缩力

2. 破坏特征

根据材料塑性的好坏，压缩实验会有三种典型破坏形式，如图 9-4 所示。

对塑性很好的材料，如黄铜、软钢等材料，压缩时，随着试样高度地不断减小，试样截面会不断增大成腰鼓形（压缩端面存在摩擦约束所致），最终压成圆饼形。这种沿试样高度横向伸展量不相同（腰鼓形）的压缩称之为非均匀压缩变形。

对塑性一般的材料，如熟铁等材料，压缩破坏断裂面与试样端面的夹角近似为 $55°$。

对脆性材料，如灰口铸铁、混凝土等，压缩破坏的断裂面与试样端面的夹角近似为 $45°$。

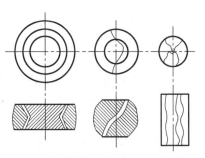

图 9-4 压缩破坏形式

3. 断口分析

通常认为压缩时出现与试样端面近似呈 $45°\sim55°$ 方向的裂缝是脆性材料在压缩时表现出的韧性。近似沿 $45°\sim55°$ 方向的开裂似乎证明了脆性材料是沿最大切应力方向发生晶格滑移而破坏。实际上，这类开裂与塑性材料的晶格滑移破坏是有本质区别的。塑性材料的晶格滑移破坏其实并不是材料的破坏，材料的强度会随着晶格滑移的加大而有所增强，即应变硬化。而脆性材料沿 $45°\sim55°$ 方向一旦发生错动，材料的强度就会迅速下降。对此现象的合理解释是：试样受压端面与试验机压头端面之间存在摩擦约束，其限制了接触面的横向膨胀，这种限制横向膨胀的力是垂直于试样轴线的，在轴向压缩力与横向摩擦约束力的共同作用下，发生沿 $45°\sim55°$ 方向的开裂。

若将脆性材料试样的上下压缩接触面充分润滑，可以观察到开裂方向与压缩轴线几乎平行，最大伸长线应变垂直于开裂方向，此结果验证了材料力学的最大伸长线应变理论（第二强度理论）。当然，沿 $45°\sim55°$ 方向的开裂也并非与切应力完全没有关系。

三、实验试样

压缩试样按截面形式分为圆截面试样、正方形截面试样、矩形截面试样、薄板试样等。圆截面与正方形截面是常用形式。

对圆截面试样，根据测试指标的不同，试样高度 L 与试样直径 d_0 的比例要求也不同。测定规定塑性压缩强度 R_{pc}、规定总压缩强度 R_{tc}、上压缩屈服强度 R_{eHc}、下压缩屈服强度 R_{eLc} 时，一般取 $L=(2.5\sim3.5)d_0$。测定规定压缩弹性模量 E_c 与规定塑性压缩应力 $R_{pc0.01}$ 时，一般取 $L=(5\sim8)d_0$。只测抗压强度时，一般取 $L=(1\sim2)d_0$。

对正方形截面试样，试样的高度 L 与正方形一边 a 之间的关系和圆截面试样的 L 与 d_0 的关系要求是一致的。

本案例采用经机械加工的圆截面光滑试样。试样形状如图 9-5 所示。

四、实验仪器设备

(1)电子万能试验机，准确度等级为 1 级。

(2)游标卡尺，分度值为 0.02 mm。

图 9-5 压缩试样形状

五、实验程序

(1)打开试验机，预热。

(2)用游标卡尺测量试样高度与直径。测量直径时，要在标距范围内的中点处两个相互垂直的方向上测量直径,取算术平均值。计算原始横截面积,至少保留 4 位有效数字。测量结果记录至表 9-1 中。

(3)调整好试验机的压头与承台,将试验机力值调零。

(4)安装试样,校正对中,调整试验机压头使得其端面与试样端面接触。

(5)设定加载速率。对金属材料,一般应设置应变速率为 0.005/min。

(6)位移清零。开始加载,注意观察压缩变形和破坏形式。

(7)试样断裂或达到规定变形后,停止加载。利用压缩力-位移曲线查找低碳钢的屈服力、灰口铸铁的最大压缩力值。数据记录至表 9-1 中。

(8)卸下试样,观察断口形貌。

(9)关闭试验机,清理现场。

六、实验数据处理

(1)数据记录表格见表 9-1。

表 9-1   记录表格

材料	中部截面直径/mm			横截面积/mm²	下压缩屈服力/kN	最大力/kN
	0	90°	平均			

(2)利用图解法,在压缩曲线上查找低碳钢的下屈服力值和铸铁的最大压缩力值。其与试样原始横截面积之比即为强度值。

(3)强度指标修约至 1 N/mm²。

七、思考讨论题

(1)为何塑性金属材料力学性能指标的测量一般不采用压缩实验方法?

(2)压缩实验测定材料的性能指标对试样尺寸有何要求?

9.2　拓展型教学案例:材料均匀压缩特性曲线的测定实验

一、实验目的

(1)了解延性金属材料均匀压缩特性曲线的绘制原理与方法。

(2)了解均匀压缩的特点。

二、实验原理

对塑性金属材料,无法用一个数值来说明其压缩强度,而是用含有应变与对应应力之间的关系曲线来表示压缩特性。这种关系曲线就是压缩特性曲线。

在冷轧切削或压力加工金属材料时,均匀变形的压缩特性曲线是非常重要的基本依据。

塑性材料圆截面试样在压缩时,由于试样端面与压板端面之间存在摩擦,会导致不均匀压缩,即随着试样的缩短中部呈现鼓形的现象。

获得均匀压缩曲线一般采用如下方法:

将几组直径相同高度不同或者高度相同直径不同的圆柱形试样进行压缩,以压缩真实应力 σ 为纵坐标,试样高度收缩量百分比 e 为横坐标,绘制压缩曲线。其中,

$$\sigma = \frac{4Fh_f}{\pi d_0^2 h_0} \tag{9-1}$$

$$e = 1 - \frac{h_f}{h_0} \tag{9-2}$$

式中,F 为压缩作用力;h_f 为试样压缩时的瞬时高度;h_0 为试样的原始高度;d_0 为试样的原始直径。

图 9-6 为直径相同高度不同的压缩曲线。高度相同直径不同的压缩曲线与直径相同高度不同的压缩曲线规律是近似的。若各试样直径相同,则图 9-6 中试样高度 $h_1 > h_2 > h_3 > h_4$;若各试样高度相同,则图 9-6 中试样直径 $d_1 < d_2 < d_3 < d_4$。各条曲线在 e 值超过 0.4 以后均逐渐上翘,这是由于圆柱试样呈腰鼓形,所形成的变形不均匀所致。曲线规律符合几何相似定律:只要圆柱形试样的原有几何形状相似,则在各阶段的曲线性质相似。

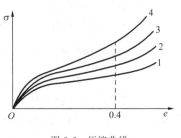

图 9-6　压缩曲线

令 $r = \dfrac{d_0}{h_0}$,$R = \dfrac{d_f}{h_f}$。若塑性变形时体积不变,则

$$\frac{d_0}{d_f} = \sqrt{\frac{h_f}{h_0}} \tag{9-3}$$

$$\frac{h_f}{h_0} = \left(\frac{r}{R}\right)^{\frac{2}{3}} \tag{9-4}$$

把式(9-4)代入式(9-2)得到

$$e = 1 - \left(\frac{r}{R}\right)^{\frac{2}{3}} \tag{9-5}$$

实验时,如果能够测得初始径高比 r、瞬时径高比 R 和瞬时压缩力 F,据式(9-1)和式(9-5)可得 σ 值和 e 值,即可以绘制出如图 9-7 所示的关系曲线。相同的 e 基本落在一条直线上,将这些直线延长交于纵轴,即得到 $R=0$ 时的 σ 值,从而可以做出一条 $R=0$ 时的 $\sigma - e$ 关系曲线,如图 9-8 所示。

瞬时径高比 $R=0$ 代表的是压板端面与试样端面之间的摩擦影响趋近于零,即均匀压缩。均匀压缩反映的是压缩真实应力与高度缩短率之间的关系,反映了压缩时的真实抗力。

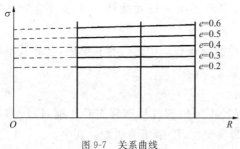

图 9-7 关系曲线

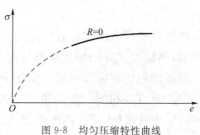

图 9-8 均匀压缩特性曲线

利用几何相似原理,通常只需四个试样即可绘制均匀压缩特性曲线。一般取 r 为 2.0、1.0、1/2、1/3。

三、实验仪器设备

(1)万能试验机,准确度级别为 1 级。

(2)引伸计,标距为 5 mm。

(3)游标卡尺,分度值为 0.02 mm。

四、实验程序

(1)打开试验机,预热。

(2)用游标卡尺测量试样高度与直径。测量直径时,在标距范围内的中点处两个相互垂直的方向上测量直径,取算术平均值。计算原始横截面积,保留 4 位有效数字。

(3)调整好试验机压头与承台,试验机力值调零。

(4)安装试样,校正对中,调整试验机压头与试样接触。

(5)安装引伸计,分别在轴向和横向安装。

(6)设定加载速率,位移清零,引伸计清零。

(7)对试样均匀施加压缩,直到试样压成饼状或试样中心向外开裂,停止加载。加载过程中同时绘制直径增量与高度缩减量之间的关系曲线、压缩力与高度缩减量之间的关系曲线。

(8)卸下试样,关闭试验机,清理现场。

五、数据处理

(1)用式(9-1)计算压缩真实应力 σ;用式(9-2)计算高度缩减率。

(2)绘制出各试样的 $\sigma-e$ 曲线。

(3)按原理所述及式(9-5)绘出 $\sigma-R$ 曲线。

(4)将 $\sigma-R$ 曲线延长交于纵轴,得出瞬时径高比为零的 σ 值,做出 $\sigma-e$ 曲线,即为均匀压缩特性曲线。

六、思考讨论题

(1)为何不能用实验数据直接绘制出均匀压缩特性曲线?

(2)均匀压缩特性曲线适用于何种材料?

(3)均匀压缩特性曲线有何实用价值?

第 10 章

扭转实验

许多零部件在实际应用时会受到扭矩作用。例如,机床主轴、电动机主轴、汽车主轴、石油钻杆等。因此,有必要通过扭转实验测定材料的扭转性能指标,为结构设计和工程应用提供依据。

扭转实验具有以下特点:

(1)扭转实验最突出的特点是它的纯剪切应力状态。

(2)扭转实验能很好地测出高塑性材料的真实形变抗力。在进行拉伸实验时,由于缩颈现象的存在,真实形变抗力难以确定。在进行压缩实验时,由于摩擦约束而发生腰鼓状变形,其真实形变抗力也难以测出。在扭转实验的整个过程中,圆柱形试样的整个工作长度上的塑性变形都是均匀的,其横截面的大小、形状及工作长度几乎保持不变,且无缩颈现象和腰鼓形现象。因此,借助扭转实验可精确地测定高塑性材料的应力与应变关系,并能很好地测定其真实形变抗力。

(3)扭转实验可以比较全面地反映材料在纯切应力作用下的行为。借助剪切实验虽然可以测定材料的抗剪强度,但是对于塑性材料,剪切实验时常伴随着弯曲变形的发生,故而不能得到正确的结果。

(4)在进行扭转实验时,圆柱形试样表面的最大切应力和正应力的绝对值相等,故可借助扭转实验来测定材料的切断抗力。而一般塑性材料的切断抗力要比拉断抗力小。

(5)扭转应力状态软性系数为 0.8,比单轴拉伸的软性系数小。这可以使低塑性材料处于韧性状态,从而有助于测定其强度和塑性。

(6)借助扭转实验可以确定脆性材料的塑性。对那些变形小而刚性大的材料,拉伸时无明显屈服表现;而扭转时,试样截面会在扭矩的作用下产生相对滑移,滑移到一定程度就会产生塑性变形。相比拉伸实验,扭转实验更易确定该塑性变形。

(7)扭转实验既可以明显地区分材料的断裂方式(正断或切断),又可以反映出材料的抗拉强度与抗剪强度孰优孰劣。

(8)借助扭转实验可以检查构件表面的微小缺陷。扭转时试样横截面的应力分布不均,外表层最大,中心为零,因此其对材料表面的缺陷比较敏感。所以扭转实验常被用来检验如传动轴、钻杆等受到扭矩作用的构件的表面质量。

10.1　基础型教学案例:材料扭转破坏实验

一、实验目的

(1)熟练掌握低碳钢的下屈服强度 τ_{eL}、抗扭强度 τ_m 的测定方法。

(2)熟练掌握灰口铸铁的抗扭强度 τ_m 的测定方法。

(3)观察不同材料的扭转破坏断口,并进行断口分析。

二、实验原理

圆截面试样受到扭转时,基于平面假设,若施加扭矩 T,则杆件横断面上的剪应力 τ_ρ 为

$$\tau_\rho = \frac{T}{I_P} \cdot \rho \tag{10-1}$$

式中,τ_ρ 为半径 ρ 处的剪应力;I_P 为横截面的极惯性矩;ρ 为所计算点离圆心的距离。

由上式可知,受扭时圆杆横截面上的剪应力是沿半径 ρ 呈线性分布的。若 $\rho = R$,R 为圆杆半径,τ_ρ 最大;若 $\rho = 0$,$\tau_\rho = 0$。

令 $W = I_P/R$,W 为横截面的抗扭模数,则试样表面的最大剪应力 τ_{max} 为

$$\tau_{max} = \frac{T}{W} \tag{10-2}$$

式中,若为实心圆杆,$W = \frac{\pi}{16}d_0^3$;若为空心圆杆,$W = \frac{\pi}{16}d_0^3\left(1 - \frac{d_1^4}{d_0^4}\right)$,$d_0$ 为试样外径,d_1 为试样内径。

扭转实验可以测得材料的扭转图,即扭矩-转角曲线。扭转图与拉伸图形式相似,分析方法相同。需要注意的是,对圆截面试样,其横截面的周边首先达到屈服,然后逐渐向圆心扩展,反映在扭转图上为扭转曲线略微上升,经过一段时间扭转曲线趋于平坦,但同时也进入屈服阶段的末期。

材料的扭转性能指标有剪切模量 G、抗扭强度 τ_m、下屈服强度 τ_{eL}、上屈服强度 τ_{eH}、规定非比例扭转强度(如 $\tau_{p0.015}$)、最大非比例切应变 γ_{max}(试样扭断时其外表面上的最大非比例切应变)等。这些性能指标的定义及其测定方法与相对应的拉伸性能指标类似。

沿与扭转试样相邻的两横截面和相邻的两纵截面,可以截出一个受力的单元体。在单元体四个面上均受到剪应力 τ 作用。若把单元体旋转 $45°$,则此时单元体的一对面上受着拉应力,另一对面上受着压应力。根据这一应力状态,材料扭转破坏形式分为三类:

(1)塑性很好的材料

对塑性很好的材料,如碳素结构钢等,扭转破坏的断口为与轴线垂直的平断口,表现为纤维的撕裂,这是由横截面上的剪应力引起的剪切破坏,如图 10-1(a)所示。

(2)脆性材料

对脆性材料,如灰口铸铁等,扭转破坏一般沿着与轴线约呈 $45°$ 倾角的螺旋线发生。

由于这类材料的抗拉强度低于抗剪强度,所以要在与轴线约呈 45°夹角的面上被拉坏,如图 10-1(b)、(c)所示。

(3)层间剪切性能差的材料

对层间剪切性能差的材料,如木材等,其内部往往有缺陷或各向异性,由于层间剪切性能较差,当沿纵向截面的剪应力超过材料层间剪切强度时便被剪切破坏,一般表现为劈裂状,如图 10-1(d)所示。

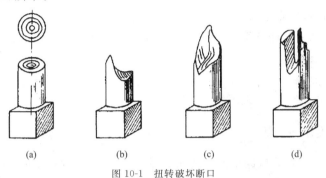

(a)   (b)   (c)   (d)

图 10-1　扭转破坏断口

三、实验试样

扭转实验常用圆柱形试样或管形试样。如果扭转试样的中间工作部分做成薄壁管形状,则可以得到近似均匀分布的纯剪切,但是此类试样的加工成本较高。因此,对扭转性能指标的测定一般采用实心圆截面试样。推荐试样直径为 10 mm,标距可取 50 mm 或 100 mm。本案例采用经机械加工的圆柱形光滑试样。

四、实验仪器设备

扭转试验机,准确度级别为 1 级;游标卡尺,分度值为 0.02 mm。

五、实验程序

(1)打开试验机,预热。

(2)测量试样尺寸。采用游标卡尺对圆截面试样直径进行测量,在试样测量范围内选取三个有代表性的截面测量,一般取中部和靠近两端位置测量。每处在互相垂直的方向上分别测量,将测得的平均值作为该测量截面尺寸代表值。最后取三个平均值的最小值作为计算直径。将测量结果填入表 10-1。

表 10-1　　　　　　　　　　　　试样尺寸

材料	原始标距/mm	直径/mm									极惯性矩/mm³
		截面Ⅰ			截面Ⅱ			截面Ⅲ			
		0	90°	平均	0	90°	平均	0	90°	平均	

(3)设定扭转试验机参数。例如,扭矩调零、设定加载速率、曲线显示设置等。对金属材

料,屈服前的扭转加载速率为 $3°/\min\sim30°/\min$,屈服后的扭转加载速率不超过 $720°/\min$,加载速率的改变要确保无冲击。

(4)装夹试样,安装过程要特别注意对中,用记号笔沿试样轴向画一条线。

(5)扭转试验机转角清零。

(6)开始加载,注意观察现象,尤其注意观察用记号笔所画线的变化情况,同时绘制扭矩-转角曲线。

(7)试样扭断后,停止加载。

(8)利用扭转图查找低碳钢的屈服扭矩值与最大扭矩值。利用扭转图查找灰口铸铁的最大扭矩值,记录数据。

(9)观察断口形貌。

(10)关闭扭转试验机,清理现场。

六、实验数据处理

(1)按照式(10-2)计算低碳钢的扭转屈服强度、抗扭强度及铸铁的抗扭强度。

(2)扭转性能指标的修约按表 10-2 进行。

表 10-2　　　　　　　　　　性能指标数据修约要求

性能指标	范围/(N/mm²)	修约到/(N/mm²)
τ_{eL}、τ_{eH}、τ_m、τ_p	≤200	1
	200~1 000	5
	>1 000	10
G	—	100

七、思考讨论题

(1)扭转实验在工程中有哪些用处?

(2)扭转时,用记号笔沿试样轴向画的直线会变成什么形状?这符合什么假设?

10.2　基础型教学案例:材料剪切模量的测定实验

一、实验目的

(1)熟练掌握低碳钢剪切模量的逐级加载测定法。

(2)验证剪切胡克定律。

二、实验试样

经机械加工的圆柱形光滑试样。

三、实验仪器设备

（1）实验台架。

（2）游标卡尺，分度值为 0.02 mm。

（3）百分表。

（4）砝码，每个 5 N。

（5）机械式扭角计。

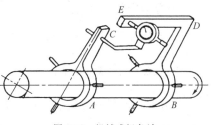

机械式扭角计如图 10-2 所示。在试样的 A 和 B 截面处安装两根臂杆 BDE 与 AC，CE 之间安装 百分表，臂杆与试样截面紧紧相连。若 A、B 截面发

图 10-2　机械式扭角计

生相对转动，则臂杆 BDE 和 AC 之间也会产生相应的相对转动，此时 CE 之间距离会有 变化，百分表指针就会旋转，显示这种相对距离变化量 δ。这个变化量可以看作一段圆弧 的弦长，该圆弧以试样的轴心为圆心，以百分表触头中心到试样轴心距离为半径 b。若变 化量 δ 很小，则可近似认为该弦长等于弧长，此时 A、B 截面的相对旋转角度 $\varphi = \delta/b$。

四、实验程序

（1）测量试样尺寸。采用游标卡尺对圆截面试样直径进行测量，在测量标距范围内的 中部及靠近两端共三处位置进行测量。每处在互相垂直的方向上分别测量，将测得的平 均值作为该测量截面尺寸代表值。最后取三处截面的平均值计算极惯性矩。

（2）装夹试样。在试样上安装机械式扭角计，注意要与试样轴线垂直，两固定截面沿 着试样轴向的距离为 $L_e = 150$ mm。扭角计臂杆长度为 100 mm，即 $b = 100$ mm。

（3）用砝码施加扭矩，扭矩力臂长度为 $L = 200$ mm。施加每一级砝码后，要在 10 s 内 记录相应的百分表读数，加载不少于五级。（工程上一般在预估扭转比例极限的 10%～ 80% 读取等间距数据点。）

（4）重复测量三遍。

（5）清理现场。

五、实验数据处理

（1）测量结果记录到表 10-3 中。

表 10-3　　　　　　　　　　　　　　数据记录表

荷载/N	百分表读数/mm					
	第一遍		第二遍		第三遍	
	读数	差	读数	差	读数	差
均值						

(2)利用 $\varphi = \delta/b$,算出扭转角。

(3)利用 $T = FL$,算出每一级扭矩增量。

(4)剪切模量 $G = \dfrac{TL_e}{\varphi I_p}$,$I_p$ 为试样极惯性矩。

(5)剪切模量修约间隔为 100 N/mm^2。

六、工程实践案例

采用逐级加载法测定航空航天常用材料钛合金的剪切模量。对试样施加预扭矩,预扭矩一般不超过相应预期规定非比例扭转强度 $\tau_{p0.015}$ 的 10%。

试样直径 $d = 10 \text{ mm}$,极惯性矩 $I_p = 981.75 \text{ mm}^4$。采用镜式仪扭转计,镜面到标尺距离 $s = 1\,000 \text{ mm}$,扭转计标距 $L_e = 100 \text{ mm}$。

测得的结果见表 10-4。

表 10-4   数据记录表

扭矩 T /N·mm	扭矩增量 $\Delta T/(\text{N·mm})$	标尺读数/mm		读数增量/mm		读数差 $\Delta l_{左} - \Delta l_{右}$/mm	读数差平均值 Δl/mm
		$l_{左}$	$l_{右}$	$\Delta l_{左}$	$\Delta l_{右}$		
10 000	5 000	0	0	—	—	—	—
15 000	5 000	24	5	24	5	19	
20 000	5 000	50	10	26	5	21	
25 000	5 000	74	15	24	5	19	
30 000	5 000	99	20	25	5	20	20.1
35 000	5 000	125	25	26	5	21	
40 000	5 000	151	30	26	5	21	
45 000	5 000	176	35	25	5	20	

$$G = \frac{\Delta T \cdot L_e}{\Delta \varphi \cdot I_p} = \frac{\Delta T \cdot L_e}{\dfrac{1}{2} \cdot \dfrac{\Delta l}{s} \cdot I_p} = \frac{5\,000 \times 100 \times 2\,000}{20.1 \times 981.75} = 50\,676.08 \text{ N/mm}^2$$

修约后为 $5.07 \times 10^4 \text{ N/mm}^2$。

七、思考讨论题

(1)机械式扭角计的适用条件是什么?

(2)逐级加载法采用等间距加载有何优点?

10.3 拓展型教学案例:规定非比例扭转强度及真实扭转强度的测定实验

规定非比例扭转强度 τ_p 的定义为扭转实验中,试样标距部分外表面上的非比例切应变达到规定数值时的切应力。例如，$\tau_{p0.015}$、$\tau_{p0.3}$等。

工程扭转比例极限通常取 $\tau_{p0.015}$。

$\tau_{p0.3}$是由与$R_{p0.2}$的真实剪应变等价的相当条件得来的。根据塑性理论，最大真实剪应变 γ_{tmax}与真实主应变 ε_{t1}、ε_{t3}之间的关系为

$$\gamma_{tmax} = \varepsilon_{t1} - \varepsilon_{t3} \tag{10-3}$$

单向拉伸时

$$\varepsilon_{t3} = -\varepsilon_{t1}/2 \tag{10-4}$$

因而

$$\gamma_{tmax} = 1.5\varepsilon_{t1} \tag{10-5}$$

真实主应变 ε_{t1}与工程应变 e的关系为

$$\varepsilon_{t1} = \ln(1+e) \tag{10-6}$$

在小应变条件下

$$\varepsilon_{t1} \approx e \tag{10-7}$$

$$\gamma_{tmax} \approx \gamma \tag{10-8}$$

式中，γ为工程剪应变。

结合式(10-5)、式(10-7)与式(10-8)可得

$$\gamma \approx 1.5e \tag{10-9}$$

即若拉伸时约定 $e=0.2\%$，则扭转时 γ应约定为 0.3%。

一、规定非比例扭转强度的测定实验

下面以实践案例说明规定非比例扭转强度的测定方法。

某传动轴用碳素钢制造，要测定 $\tau_{p0.015}$，将钢材制成圆柱试样。若经过测量得到试样直径为 $d=10$ mm，截面系数 $W=196.35$ mm³。扭转计标距为 $L=100$ mm，扭转计分度为 0.000 25 rad。预期 $\tau_{p0.015}$为 250 N/mm²。

案例分析：

(1)取初始预应力 $\tau_0 = \tau_{p0.015} \times 10\% = 25$ N/mm²。相当于预扭矩 $T_0 = \tau_0 W = 25$ N/mm² × 196.35 mm³ = 4 909 N·mm，取整为 5 000 N·mm。

(2)相当于预期规定非比例扭转强度 80%的扭矩 $T = 80\%\tau_{p0.015}W = 80\% \times 250$ N/mm² × 196.35 mm³ = 39 270 N·mm，取整为 39 000 N·mm。

从 T_0到 T分三级等间距加载，每级扭矩为 $\Delta T = (39\,000 - 5\,000)/3 = 11\,333$ N·mm，取整为 11 000 N·mm。

(3)小等级扭矩取 2 000 N·mm。

(4)测量结果的记录及相应的计算见表 10-5。

表 10-5 逐级加载法测定非比例扭转强度记录

荷载 $T/$ (N·mm)	扭转计读数分度	读数增量分度	增量为 2 kN·mm 时比例扭转读数分度	计算非比例扭转读数分度
5 000	0	0		
16 000	53	53		
27 000	109	56		
38 000	165	56		
40 000	174	9		
42 000	186	12	10.3	
44 000	197	11		
46 000	207	10		
48 000	219	12		
50 000	232	13		
52 000	249	17	242.3	6.7
54 000	270	21	252.6	17.4
56 000	296	26	262.9	33.1

(5)计算小等级载荷下的比例扭转为 $\dfrac{232-0}{50\,000-5\,000}\times 2\,000 = 10.3$ 分度。

(6)从总角读数中减去比例扭角得到非比例扭角。测量数据列于表 10-5 中。

(7)规定非比例切应变为 0.015%。所对应的扭转计分度值为 $\dfrac{2\times 0.015\%\times \dfrac{L}{d}}{0.000\,25}=$

$\dfrac{2\times 0.015\%\times \dfrac{100}{10}}{0.000\,25}=12$ 分度。

(8)从表 10-5 中读出最接近非比例扭角为 12 分度的对应扭矩为 52 000 N·mm。利用插值法求精确扭矩。即

$$T_{p0.015}=\frac{(17.4-12)\times 52\,000+(12-6.7)\times 54\,000}{17.4-6.7}=52\,990.65\text{N}\cdot\text{mm}$$

则 $\tau_{p0.015}=\dfrac{T_{p0.015}}{W}=52\,990.65\div 196.35=269.879 \text{ N/mm}^2$

修约为 270 N/mm²。

二、真实扭转强度的测定实验

塑性材料在受到纯扭转时,强化阶段约占全部过程的绝大部分,所以采用材料由弹性变形阶段进入弹塑性阶段的 $\tau_{p0.3}$ 来表征其扭转强度是有很大局限性的。由于材料的强化,圆截面试样的抗扭能力仍在不断地提高,以全截面理想屈服所得的屈服强度计算公式是近似的,而且与无明显屈服阶段的材料的不断强化是矛盾的,抗扭强度的计算公式也只能在扭矩图存在极大值时才成立。

图解法测定材料真实规定非比例扭转强度和真实抗扭强度。在扭转实验中,圆柱试样标距部分外表面上的非比例切应变达到规定数值时,按照纳达依公式计算的切应力就

是真实规定非比例扭转强度,符号为 τ_{tp}。

圆柱试样扭断时,按照纳达依公式计算的最大切应力就是真实抗扭强度,符号为 τ_{tm}。

1.真实规定非比例扭转强度 τ_{tp} 的测定

记录扭矩-扭角曲线,如图 10-3 所示。过点 $(2L_e\gamma_p/d,0)$(L_e 为扭转计标距,γ_p 为非比例切应变,d 为试样直径)作曲线上直线部分的平行线确定交点 A,以 A 点为切点,过 A 点作扭矩-扭角曲线的切线 AT_1,交扭矩轴于 T_1。读取 A 点扭矩 T_A 与扭矩 T_1。按式(10-10)计算真实规定非比例扭转强度 τ_{tp}。

$$\tau_{tp}=\frac{4}{\pi d^3}\left[3T_A+\theta_A\left(\frac{dT}{d\theta}\right)_A\right]=\frac{4}{\pi d^3}\left[4T_A-T_1\right] \tag{10-10}$$

式中:θ 为相对扭角,$\theta=\dfrac{\varphi}{L}$;$d$ 为试样直径;L 为试样长度;φ 为扭角。

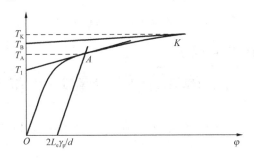

图 10-3　扭矩-扭角曲线

2.真实抗扭强度 τ_{tm} 的测定

扭矩-扭角曲线,如图 10-3 所示,试样扭断。以曲线上断裂点 K 点为切点,过 K 点做扭矩-扭角曲线的切线 KT_B,交扭矩轴于 T_B。读取 K 点扭矩 T_K 和扭矩 T_B。按式(10-11)计算真实抗扭强度 τ_{tm}。

$$\tau_{tm}=\frac{4}{\pi d^3}\left[3T_K+\theta_K\left(\frac{dT}{d\theta}\right)_K\right]=\frac{4}{\pi d^3}\left[4T_K-T_B\right] \tag{10-11}$$

式中:θ 为相对扭角,$\theta=\dfrac{\varphi}{L}$;$d$ 为试样直径;L 为试样长度。

真实应力的结果修约到 $1\ N/mm^2$。

三、思考讨论题

(1)真实抗扭强度与名义抗扭强度有何区别?

(2)测定真实抗扭强度有何意义?

10.4　工程型教学案例:大六角头高强度螺栓扭矩系数的测定实验

钢结构工程中大量采用高强度螺栓连接方式,如图 10-4 所示。这种连接方式具有施工简单、易操作等特点。高强度螺栓连接方式分为承压型和摩擦型两类,工程中应用比较多的是摩擦型。摩擦型依靠摩擦阻力传力,并以剪力不超过接触面的摩擦力作为设计准则。摩擦阻力的大小取决于两个主要因素:摩擦面的摩擦系数与螺栓紧固力。因此,实际施工中,螺栓紧固力的实际大小就显得非常重要。

图 10-4 高强度螺栓连接节点

一、扭矩系数的理论计算

拧紧螺母所需力矩 T 为螺纹摩擦力矩 T_1 和支承面摩擦力矩 T_2 之和。计算螺母拧紧力矩的公式为

$$T=T_1+T_2=0.5Pd_2\tan(\lambda+\rho_v)+0.5Pf_1d_m=0.5P[d_2\tan(\lambda+\rho_v)+f_1d_m]$$
(10-12)

式中:P 为预紧力;d_2 为螺纹中径;λ 为螺纹升角;ρ_v 为螺纹当量摩擦角;d_m 为螺母支承面的平均直径;f_1 为螺母支承面的摩擦系数。

若令扭矩系数为 K,则

$$K=0.5[d_2\tan(\lambda+\rho_v)+f_1d_m]/d$$
(10-13)

式中,d 为螺栓大径。

则螺母拧紧力矩 T 的计算公式为

$$T=KPd$$
(10-14)

假设 $d_2/d=0.92,\lambda=2.5°,\rho_v=9.83°,d_m/d=1.3,f_1=0.15$。则 K 近似为

$$K=0.5[d_2\tan(\lambda+\rho_v)+f_1d_m]/d\approx(0.5d_2\tan\lambda)/d+(0.5d_2\tan\rho_v)/d+f_1d_m/d$$
$$=0.012\ 1+0.079\ 7+0.097\ 5=0.189\ 3\approx0.2$$
(10-15)

由以上计算可知,扭矩螺母的力矩由三部分组成:第一部分由螺纹升角产生,用于产生预紧力使得螺杆伸长;第二部分为螺纹副摩擦,约占 40%;第三部分为支承面摩擦,约占 50%。由此可见,靠控制螺母的拧紧力矩控制螺栓的预紧力时,必须精确控制螺纹紧固件的摩擦系数,为此要对垫圈进行适当处理。

美国、德国、日本等国技术标准建议的扭矩系数 $K=0.15\sim0.20$,加润滑油可达 0.12。

二、扭矩系数的测定方法

实际工程中,控制螺栓预紧力的方法有感觉法(误差可达 40%)、力矩法(误差可达 25%)、测量螺栓伸长法(误差可达 5%)、螺母转角法(误差可达 15%)、应变计法(误差可

达1%)等。其中力矩法因其具有操作简单、费用低等优点被广泛采用。

力矩法对螺栓紧固力的施加是借助扭矩扳手旋转螺母来实现的。螺栓施拧扭矩的大小直接关系着螺栓轴向紧固力的大小,且施拧扭矩与轴向紧固力存在着一定的关系,这种关系用扭矩系数 K 来表示,即

$$K = T/(Pd) \tag{10-16}$$

式中:T 为施拧扭矩,N·m;d 为高强度螺栓公称直径,mm;P 为螺栓轴向紧固力,kN。

依据 GB 50205—2020 钢结构工程施工质量验收标准规定,在施工安装前要从待安装的一批高强螺栓中随机抽取 8 套螺栓连接副进行扭矩系数检验。连接副一般由一个螺栓、一个螺母、两个垫片组成。

检验用的计量器具在使用前要进行标定,误差不得超过2%。

每套螺栓连接副只应做一次测试,不得重复使用。若加载紧固过程中垫圈发生转动,则要更换连接副,重新进行。

扭矩系数检验组装形式如图 10-5 所示,将螺栓穿入轴力计,用扭矩扳手对螺母施拧一扭矩 T,同时用轴力计测出轴向紧固力 P,若知道螺栓的公称直径 d,则用式(10-16)即可求出扭矩系数 K。

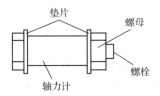

图 10-5 扭矩系数检验组装形式

高强度螺栓的单一批量可达 3 000 套。为确保同一批量各螺栓的质量相对均匀,同时考虑到设计对螺栓的轴向紧固力要求,实际工程对扭矩系数的范围与轴向紧固力 P 的范围做了限定。限定 8 套连接副扭矩系数的平均值应为 0.110~0.150,标准偏差不超过 0.010。检验时,轴向紧固力值限定范围要符合表 10-6 的规定。

表 10-6　　螺栓轴向紧固力值范围

d/mm		M16	M20	M22	M24	M27	M30
P/kN	10.9 S	93~113	142~177	175~215	206~250	265~324	325~390
	8.8 S	62~78	100~120	125~150	140~170	185~225	230~275

第 11 章

弯曲实验

工程中许多构件承受弯曲载荷作用。例如,机械加工中的卷板、楼房中的梁等。弯曲实验分为工艺性弯曲实验(冷弯实验)与弯曲力学性能实验两类。

工艺性弯曲实验是对材料承受弯曲变形能力的一种评定。一般是将圆形、正方形、矩形或五边形及以上多边形横截面试样放置在弯曲装置上,使其经受弯曲塑性变形,不改变加力方向,直至达到规定的弯曲角度(不同材料、不同工艺的要求不同),以受力后表面的变形情况(例如,裂纹、断裂)以及变形后所规定的特征来评定材料的优劣,其实验结果能反映材料的部分韧性、塑性、缺陷等问题。工艺性弯曲实验通常作为常规力学性能实验的补充实验。

弯曲力学性能实验是通过定量测定材料在承受载荷作用下的应力-应变关系或弯矩-挠度关系来确定其弯曲力学性能指标时,其适用于脆性材料与低塑性材料。例如硬质合金、灰口铸铁、工具钢等。在进行弯曲实验时,试样横截面上的应力分布不均匀,上、下表面的应力最大。因此,常用其来检查材料经渗碳热处理及高频淬火等处理后的表面质量缺陷。

利用弯曲力学性能实验可测定单轴应力-应变曲线。为确定材料在小应变状态下的单轴应力-应变曲线,一般不用拉伸实验,而用梁四点弯曲实验来测定。但必须满足条件:平直矩形截面梁,且高宽比等于 2;容许最大应变限度为 5% 左右。与通常拉伸实验和压缩实验对比,一个单一的弯曲力学性能实验可得到单轴拉伸和压缩应力-应变两条曲线。

按加载方式划分,弯曲力学性能实验的加载方式有三点弯曲与四点弯曲两种。如图 11-1 所示,试样支承在两个支点上,在中点施加压头载荷的为三点弯曲;压头带两个作用点的为四点弯曲。一般要求支辊直径和压头直径相同。对四点弯曲,两力臂应相等,且一般不小于跨距的四分之一。

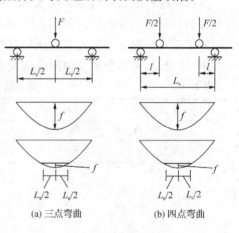

(a) 三点弯曲   (b) 四点弯曲

图 11-1   弯曲实验简图

材料的弯曲力学性能指标有:弹性部分直线斜率 m_E、抗弯强度 R_{bb}、规定塑性弯曲强度 R_{pb}、规定残余弯曲强度 R_{rb}、弯曲断裂挠度 f_{bb} 等。测定时,其加载速率应恒定在 $3 \sim 30$ MPa/s 的某一值。

一、弹性部分直线斜率 m_E 的测定

弹性部分直线斜率 m_E 为弯曲应力与弯曲应变呈线性比例关系范围内的弯曲应力与弯曲应变之比。m_E 值不一定能代表弯曲弹性模量值,但如果使用最佳条件(选用高分辨力的挠度计、高准确度的弯矩测量系统、高刚性的弯曲装置等),斜率值能够与弯曲弹性模量值接近一致。

方法一:全挠度测量方式

将挠度计置于弯曲试样的跨中区域底部,记录弯曲力-挠度曲线,直至超过弹性变形范围。在曲线上读取弹性直线段的弯曲力增量 ΔF 和相应挠度增量 Δf。

三点弯曲时,如图 11-1(a)所示,

$$m_E = \frac{L_s^3}{48I}\left(\frac{\Delta F}{\Delta f}\right) \tag{11-1}$$

四点弯曲时,如图 11-1(b)所示,

$$m_E = \frac{(3L_s^3 - 4l^2)l}{48I}\left(\frac{\Delta F}{\Delta f}\right) \tag{11-2}$$

式中:L_s 为试样跨距;l 为力臂;I 为横截面对中性轴的惯性矩,对圆形截面 $I = \pi d^4/64$,对矩形截面 $I = bh^3/12$。

方法二:部分挠度测量方式

试样对称安放在弯曲实验装置上,将挠度计装在试样上,挠度计标距的端点与最邻近支承点或施力点的距离应不小于试样的高度或直径。对试样连续施加弯曲力,同时记录弯曲力-挠度曲线,直至超过弹性变形范围。在曲线上读取弹性直线段的弯曲力增量 ΔF 和相应挠度增量 Δf。

三点弯曲时,如图 11-1(a)所示,

$$m_E = \frac{L_e^2(3L_s - L_e)}{96I}\left(\frac{\Delta F}{\Delta f}\right) \tag{11-3}$$

四点弯曲时,如图 11-1(b)所示,

$$m_E = \frac{lL_e^2}{16I}\left(\frac{\Delta F}{\Delta f}\right) \tag{11-4}$$

式中,L_e 为挠度计标距。

二、抗弯强度 R_{bb} 的测定

抗弯强度是按照弹性弯曲应力公式计算的。

对试样连续施加弯曲力,直至试样断裂。从弯曲力-挠度曲线上读取最大弯曲力 F_{bb},则

三点弯曲

$$R_{bb} = \frac{F_{bb}L_s}{4W} \tag{11-5}$$

四点弯曲

$$R_{bb} = \frac{F_{bb}l}{2W} \tag{11-6}$$

式中，W 为抗弯截面系数，对圆形截面 $W = \pi d^3/32$，对矩形截面 $W = bh^2/6$。

三、规定塑性弯曲强度 R_{pb} 的测定

弯曲实验中，试样弯曲外表面上的塑性弯曲应变达到规定值时按塑性弯曲应力公式计算的最大弯曲应力，即规定塑性弯曲强度，记为 R_{pb}。

自动记录弯曲力-挠度曲线，在曲线挠度轴上取 C 点，C 点与原点 O 的距离对应达到规定塑性弯曲应变 e_{pb} 时的挠度 f_{pb}。过 C 点作弹性直线段的平行线 CA 交曲线于 A 点，A 点所对应的力为规定塑性弯曲力 F_{pb}。

三点弯曲时

$$R_{pb} = \frac{F_{pb}L_s}{4W} \tag{11-7}$$

则有

$$f_{pb} = \frac{L_s^3}{12Y} \cdot e_{pb} \tag{11-8}$$

或

$$f_{pb} = \frac{L_e^3(3L_s - L_e)}{24L_s Y} \cdot e_{pb} \tag{11-9}$$

四点弯曲时

$$R_{pb} = \frac{F_{pb}l}{2W} \tag{11-10}$$

则有

$$f_{pb} = \frac{3L_s^3 - 4l^2}{24Y} \cdot e_{pb} \tag{11-11}$$

或

$$f_{pb} = \frac{L_e^3}{8Y} \cdot e_{pb} \tag{11-12}$$

式中，对圆形横截面试样，$Y = d/2$；对矩形横截面试样，$Y = h/2$。

要注意，此处测得的规定塑性弯曲强度值与用拉伸实验法测定的规定塑性延伸强度值并不相等，往往前者比后者大 20% 左右。原因是应用了线弹性段的材料力学公式计算已进入屈服阶段的应力值。若试样在未达到规定的塑性弯曲应变之前已断裂，则说明此试样无可测的规定塑性弯曲强度性能。

四、倒棱修正系数

矩形横截面试样的四条长棱经 45° 倒棱后，用试样倒棱前名义横截面尺寸计算弹性直线斜率和弯曲应力（包括抗弯强度）等性能时，其值偏小，应进行修正。修正方法是将用名义截面尺寸计算的性能值乘以修正系数 α，即

$$\alpha = \frac{1}{1 - \left\{\frac{3}{4}\left(\frac{h}{b}\right) - \left[\frac{h}{b} - \sqrt{2}\left(\frac{t}{b}\right)\right] + \frac{1}{4}\left(\frac{h}{b}\right)\left[1 - \sqrt{2}\left(\frac{t}{h}\right)\right]^4\right\}} \tag{11-13}$$

式中，t 为矩形横截面试样 45° 倒棱宽度。

五、弯曲力学性能指标的修约要求

弯曲力学性能指标的修约要求见表 11-1。

表 11-1 修约要求

性能指标	m_E	R_{pb}、R_{bb}、R_{rb}	f_{pb}
修约间隔	100 MPa	1 MPa	0.1 mm

11.1 基础型教学案例:梁纯弯曲正应力的测定实验

一、实验目的

(1)测定矩形截面梁纯弯曲部分正应力大小及分布,与理论值进行比较,验证纯弯曲梁的正应力计算公式。

(2)熟悉电测法的原理和操作方法。

二、实验原理

根据材料力学知识,纯弯曲梁横截面上的正应力 σ 的计算公式为

$$\sigma = \frac{M}{I_z} \cdot y \tag{11-14}$$

式中:M 为梁纯弯曲部分截面上作用的弯矩;I_z 为梁截面对中性轴的惯性矩;y 为梁截面上所测点距中性轴的距离。

在图 11-2 所示的位置贴上五个电阻应变计,其方向平行于梁的轴线,可测定五个位置的线应变,据胡克定律得到相应的正应力。电阻应变计沿梁的高度等间距布置,即梁的上、下表面各粘贴电阻应变计 1、5,梁的四分之一高度、二分之一高度和四分之三高度各粘贴电阻应变计 2、3、4。

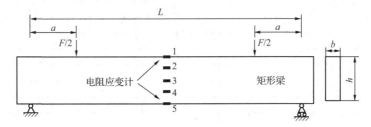

图 11-2 实验简图

若测出各电阻应变计的线应变 ε_i,则相应的正应力值 σ_i 为

$$\sigma_i = E\varepsilon_i \tag{11-15}$$

式中:i 为电阻应变计 1、2、3、4 和 5;E 为材料的杨氏模量,取 210 GPa。

在比例极限内对梁加载,采取分段等间距加载的方法,在加载范围内至少分 5 级,记录每一级加载的弯矩增量 ΔM_i 和应变增量 $\Delta \varepsilon_i$,则

$$\Delta\sigma_i = E\Delta\varepsilon_i \tag{11-16}$$

与之相对应的理论值为

$$\Delta\sigma_i = \Delta Fay_i/(2I_z) \tag{11-17}$$

式中,a 为梁的支点到弯曲压头的距离。

三、实验仪器设备

(1)纯弯曲实验装置如图 11-3 所示。

(2)静态电阻应变仪(型号:BZ2208A-10)。

(3)游标卡尺与卷尺。

(4)矩形截面梁。

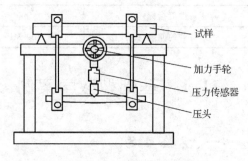

试样
加力手轮
压力传感器
压头

图 11-3 纯弯曲实验装置

四、实验程序

(1)安装并检查实验装置和仪器设备。

(2)确定试样尺寸和材料属性。其中,$a=100$ mm,$b=20$ mm,$L=500$ mm,$h=40$ mm。

(3)确定加载方案:分段等间距加载,$F_0=1$ kN,$F_{max}=4$ kN,$\Delta F=1$ kN。[注意:加载严禁超量程(4.5 kN)。]

(4)接线:AB 接线柱接工作片,BC 接线柱接温度补偿片(本次实验使用的应变仪具有公共温度补偿功能,所以不需要接 BC 接线柱)。

(5)静态电阻应变仪设置:需要调节灵敏系数,设置温度补偿片等参数。

(6)测试:沿逆时针方向旋转加力手轮,分段等间距加载,5 个点分别测试正应力方向的应变,并记录到表 11-2,循环三次。

(7)做完实验后,关闭仪器。清理现场,进行数据处理,编写报告。

表 11-2 数据记录表 应变读数单位:$\mu\varepsilon$

力/kN	应变									
	1		2		3		4		5	
	读数	差值	读数	差值	读数	差值	读数	差值	读数	差值
第一遍										
$F_0=$										
$F_1=$										
$F_2=$										
$F_3=$										
第二遍										
$F_0=$										
$F_1=$										
$F_2=$										
$F_3=$										
第三遍										
$F_0=$										
$F_1=$										
$F_2=$										
$F_3=$										

五、实验数据处理

(1)计算每个测点应变的算术平均值 $\Delta\varepsilon_i$。

(2)按式(11-16)计算实验值 $\Delta\sigma_i$。

(3)按式(11-17)计算理论值 $\Delta\sigma_i$。

(4)以理论值为准计算实验值的误差,其中第 1,2,4,5 测点按式(11-18)计算相对误差,第 3 测点按式(11-19)计算绝对误差。

$$\eta_{1,2,4,5}=\frac{\Delta\sigma_{实}-\Delta\sigma_{理}}{\Delta\sigma_{理}}\times100\% \tag{11-18}$$

$$\eta_3=\Delta\sigma_{实}-\Delta\sigma_{理} \tag{11-19}$$

(5)绘制 $\Delta\sigma_i\text{-}y_i$ 曲线,观察其线性度。

六、思考讨论题

(1)以理论值为准,分析产生误差的原因。

(2)若本实验改为三点弯曲,过程和结果会有何不同?

(3)若本实验用的试样为叠梁,过程和结果会有何不同?

11.2　拓展型教学案例:叠梁纯弯曲正应力的测定实验

实际工程中,常常需要把梁、板、柱等构件组合在一起,形成新的构件形式。例如,支承车架的板簧,是由多片微弯的钢板重叠组合而成的;厂房的吊车承重梁,则由钢轨、焊接钢梁或混凝土梁叠合起来共同承担吊车与起吊物体的重量。本案例选取叠合在一起的矩形截面梁为实验对象,用电测法测定其应力分布规律。

一、实验目的

(1)熟练掌握电测法原理。

(2)测定叠梁在纯弯曲时,梁高度各点正应力的大小及分布规律,并与理论值进行比较。

二、实验原理

叠梁如图 11-4 所示。

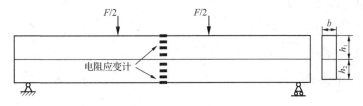

图 11-4　叠梁简图

叠梁在横向力作用下,若上、下梁的弯矩分别为 M_1 和 M_2,则总弯矩 $M=M_1+M_2$。

叠梁弯曲变形后,上、下梁中性层的曲率半径分别为 ρ_1 和 ρ_2,则有 $\rho_2=\rho_1+(h_1+h_2)/2$。

根据梁的平面弯曲曲率方程可知

$$\frac{1}{\rho_1}=\frac{M_1}{E_1 I_1},\frac{1}{\rho_2}=\frac{M_2}{E_2 I_2} \tag{11-20}$$

式中,$E_1 I_1$ 和 $E_2 I_2$ 分别为上、下梁的抗弯刚度。

在小变形情况下,若忽略上、下梁之间的摩擦,则两者的变形可近似认为一致。由于曲率半径远大于梁的高度,因此可近似认为 $\rho_1=\rho_2$,所以有

$$\frac{M_1}{E_1 I_1}=\frac{M_2}{E_2 I_2} \tag{11-21}$$

若上、下叠梁的材质尺寸相同,则有 $M_1=M_2=M/2$。

若叠梁的材质和惯性矩相同,则其弯矩是由参与叠合梁的根数进行等量分配的。

若叠梁的材质不同,则其弯矩是依据抗弯刚度进行分配的。

三、实验仪器设备

(1)电子万能试验机,准确度级别为 1 级。

(2)游标卡尺,分度值为 0.02 mm。

(3)电阻应变仪,分辨力为 1 με。

四、实验程序

(1)选取试样(钢-钢组合叠梁或钢-铝组合叠梁),将叠梁安装在试验机弯曲台上。

(2)测量叠梁的尺寸,测量各电阻应变计到各梁中性层的距离,测量试样的跨距和弯曲力臂的长度。

(3)将电阻应变计与电阻应变仪连接好,采用 1/4 桥连接方式。并调整好电阻应变仪。

(4)采用分级等间距加载方案,记录每一级载荷下的应变读数 ε_i。

(5)重复加载测量三遍。

(6)实验结束后,关闭电源,清理现场。

五、实验数据处理

(1)计算出每一级载荷的增量 ΔF_i。

(2)计算出每一级载荷增量下的应变增量,并求出平均值 $\Delta\varepsilon_i$。

(3)实测应力值 $\Delta\sigma_i=E\Delta\varepsilon_i$。

(4)各测点理论值 $\Delta\sigma_i=\Delta M y_i/I$。

式中,y_i 为第 i 测点到其所在梁中性层的距离。

六、思考讨论题

(1)当考虑曲率半径不等时,上、下梁的弯矩将如何分配?

(2)截面尺寸相同、材质不同的叠梁,在离各自中性层等距离的点上,为何应变值基本相同?

11.3 拓展型教学案例:三弯矩方程的验证实验

一、实验目的

(1)熟悉三弯矩方程。

(2)测定双跨连续梁中间支座处弯矩,并与三弯矩方程做比较。

二、实验原理

在图 11-5(a)中,双跨连续梁的 AB 跨中加载荷 F_1,BC 跨中加载荷 F_2,变形后的梁的挠度曲线如图 11-5(a)所示,在中间截面 B 形成转角 φ。

若将左、右两跨在 B 截面断开而成为两根简支梁,则两者在 B 截面的转角就不再相等(两根简支梁的挠曲线相同时例外),如图 11-5(b)所示。对两根简支梁均在 B 截面施加两个大小相等、方向相反的支座力矩 M_B,使得 $\varphi_1 = \varphi_2$ 时,M_B 应该就是截开前 B 截面的支座弯矩,由此而推导出三弯矩方程为

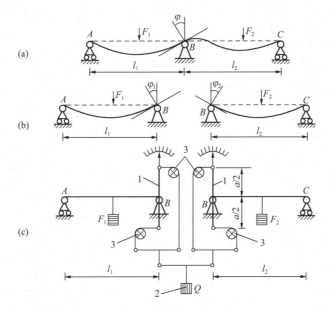

图 11-5 三弯矩实验装置

$$M_A l_1 + 2M_B(l_1 + l_2) + M_C l_2 = -6\left(\frac{S_1 a_1}{l_1} + \frac{S_2 a_2}{l_2}\right) \tag{11-22}$$

式中:M_A、M_B、M_C 分别为三个支座处弯矩;S_1、S_2 分别为 F_1 及 F_2 作用于各自简支梁上的弯矩图面积;a_1、a_2 分别为 S_1 形心离开 A 端、S_2 形心离开 C 端的距离;l_1、l_2 分别为左、右两跨的跨距。

在图 11-5 中,M_A、M_C 均等于零。

图 11-5(c)所示为"三弯矩实验装置"。在两个简支梁中间支座 B 上各安装一根支座

力矩杠杆 1。砝码 2 挂上后,通过中间杠杆和滑轮 3(共四个滑轮),使两根简支梁收到大小相等但作用方向相反的两个支座力矩作用,当支座转角指针显示 $\varphi_1 = \varphi_2$ 时,可从此时的砝码重量 Q 计算得到支座力矩 M_B。

$$M_B = \frac{1}{4}Qa \qquad\qquad (11\text{-}23)$$

式中,a 为中间支座力矩杠杆的长度。

三、实验程序

(1)调整好"三弯矩实验装置"的杠杆、拉绳、滑轮,务必使得传力系统阻力趋近于零,指针指零。

(2)为简单起见,可将 F_1 及 F_2 各加在梁的中点。

(3)逐渐加上砝码 Q,到 $\varphi_1 = \varphi_2$ 时停止。

(4)计算理论值和实验值,并作比较。(注意:F_1 及 F_2 中要加上砝码盘重量,Q 中也应加上调零以后所加上的重量。)

四、思考讨论题

(1)什么是三弯矩方程?

(2)工程中什么情况下会用到三弯矩方程? 试举例说明。

第 12 章

韧性实验

在实际工程中,材料有很多种破坏情形,例如,拉断、压裂、弯断、撞断、撞碎、多次重复的曲折或变形损坏等。通过实验可以模拟这些实际情况来测定材料的不同强度指标。例如,模拟拉断的拉伸强度、模拟压裂的压缩强度、模拟弯断的弯曲强度、模拟撞断与摔破的冲击强度、模拟多次反复变形而破坏的疲劳强度等。

强度与延性是材料最基本的力学特性。在实际应用中,仅有强度与延性是不够的,还会对韧性有一定要求。

所谓韧性是材料在变形与断裂过程中吸收能量的一种性能。一般以外力做功来衡量。韧性好的材料在服役条件下不至于突然发生脆性断裂。

韧性分为静力韧性、冲击韧性与断裂韧性三类:

所谓静力韧性是指在静载下材料经历弹性变形、塑性变形与断裂时所吸收的能量。前面提到拉伸、压缩、弯曲与扭转实验方法都可以用来测定静力韧性。

所谓冲击韧性是指在冲击载荷作用下材料吸收的能量与试样缺口根部的面积之比。

冲击韧性本身无实际物理含义。冲断过程中,试样缺口底部部分体积的变形程度不一致,且极不均匀,吸收的变形能无法用单位体积来衡量。因此,国家标准目前已不使用冲击韧性指标。

对带有一条预制裂纹的试样进行静载拉伸或弯曲,使试样变形直至断裂并记录过程曲线,然后按一定的公式计算出材料的断裂韧性,常用指标有断裂韧度、裂纹扩展速率等。

冲击实验按照冲击荷载类别分为落锤式与摆锤式两种:

落锤式冲击可产生较大的冲击能量,适用于较大尺寸的试样,一般用于大构件、产品、高聚物等。落锤式冲击可测定材料的薄平盘表面中心对落锤冲击破坏抵抗力的大小。试样破裂的冲击强度为破裂的落锤高度与重量乘积的最小值。

材料性能的测定一般采用摆锤式冲击试验机。

摆锤式冲击实验有两类:一类是简支梁式的三点弯曲冲击,即夏比冲击(是由法国工程师 Charpy 建立起来的);另一类是悬臂梁式冲击弯曲,即艾佐(Izad)冲击。夏比冲击试样安放比艾佐冲击试样简便,故普遍采用夏比摆锤冲击方法。

一、冲击实验的工程意义

冲击实验在工程中的用处体现在:可用来对冶金质量及其热处理工艺缺陷进行定量分析检验。通过冲击实验,可以测定一些冲击性能指标,例如,冲击力、位移、裂纹形成吸收能量及扩展吸收能量等。这些冲击性能指标可以作为评定缺陷严重程度的检验依据，并可以用来分析缺陷的成因。冲击吸收能量对材料的宏观缺陷、显微组织的差异等异常敏感。因此，冲击吸收能量可用来有效地检验钢材质量、判断冶金加工和热处理规程的适宜性，从而控制和稳定产品的质量。加载速率很快导致材料的塑性变形不能充分进行。强度增加，塑性降低使其变形局限在缺口附近，致使材料变脆，有利于检验材料缺陷，尤其是材料的表面缺陷，因为冲击实验的表面拉应力最大，对表面缺陷敏感。所以冲击实验广泛应用于材料宏观和显微组织缺陷的检验，如夹渣、气泡、分层、偏析及夹杂物等的检验。

可用于表面强化效应的检测。表面强化是提高疲劳强度的良方。夏比摆锤式冲击试样的缺口截面上受力不均匀，缺口处受到拉应力作用，在缺口根部的拉应力最大。若缺口的表面受到喷丸、渗碳、镀层、滚压等作用，表面会强化并产生压应力；若缺口的表面受到腐蚀等作用，表面会弱化。冲击试验对这种强化或弱化效果很敏感，体现在冲击力或冲击吸收能量的增大或减小。

可用来对材料的韧脆转变进行评估。裂纹扩展吸收能量在韧脆转变过程中变化比较显著，通过冲击实验可以进行定量分析，同时也可通过微观形态和宏观断口进行分析。冲击吸收能量对钢材随温度变化产生的韧脆转变非常敏感，故常用冲击实验来测定钢材韧脆转变趋势及转变温度。转变温度可用来估算工程构件的允许工作温度范围，防止金属构件出现冷脆、蓝脆及重结晶脆性等情况。冲击实验把使材料变脆的三因素（冲击速度、缺口及温度）合到一起，用以测定钢材的冷脆。

韧性断面率可以衡量材料的韧脆程度。因为冲击实验对缺口非常敏感，可用来评定金属对大能量一次载荷的缺口敏感性。

可用来确定钢材的时效敏感性。一般用冲击实验测定钢材时效前后的冲击吸收能量并比较。

可以推定其他的断裂性能指标。目前已经建立了一些冲击吸收能量与断裂韧性的经验关系式。在动态断裂力学中，用冲击方法可测动态断裂韧度 K_{ID} 和 J_{ID}。

二、冲击实验的特点

冲击加载速率高，约 5 m/s，是拉伸加载速率的 $10^3 \sim 10^5$ 倍，属于动载实验方法。

冲击试样要开缺口。

冲击过程试样缺口部分受力有一个由拉变为压的过程。冲击时试样缺口一面受拉，与之相对的另一面则受压。

12.1 基础型教学案例：材料夏比摆锤冲击吸收能量的测定实验

一、实验目的

(1)了解冲击实验的意义与用途。

(2)测定低碳钢与灰口铸铁的冲击吸收能量。

二、实验仪器设备

(1)摆锤式冲击试验机,准确度级别为 1 级。

(2)游标卡尺。

三、实验原理

夏比摆锤冲击的原理如图 12-1 所示。

摆锤重心至旋转中心距离为 L,摆锤重力为 G,摆锤扬角为 α,扬起高度为 H_1,摆锤冲断试样后回升的高度为 H_2,摆锤冲断试样后的回升角度为 β。则

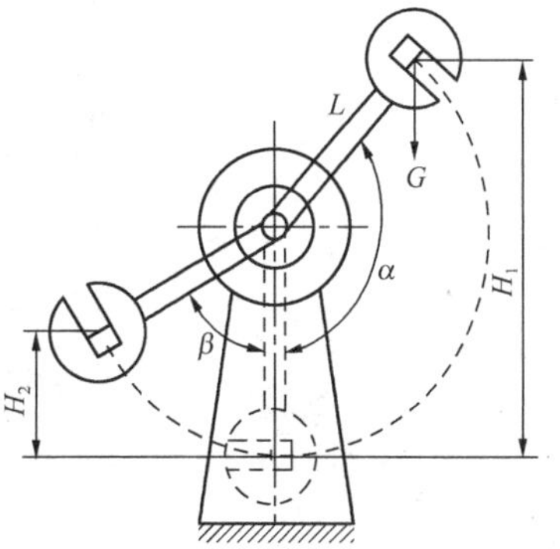

摆锤的冲击能量为

$$K_p = GH_1 = GL(1-\cos\alpha) \qquad (12\text{-}1)$$

摆锤冲断试样后的剩余能量为

$$K_{p2} = GH_2 = GL(1-\cos\beta) \qquad (12\text{-}2)$$

则试样吸收的冲击能量 K 为

$$K = K_p - K_{p2} = GL(\cos\beta - \cos\alpha) \qquad (12\text{-}3)$$

图 12-1 夏比摆锤冲击的原理

摆锤式冲击试验机每次冲击前扬起的高度是一致的,所以 α 为常数固定值。而 β 的值取决于试样冲断过程吸收能量 K 的大小,不同的 β 对应不同的冲击吸收能量 K。刻度盘是按照式(12-3)制作的,所以摆锤式冲击试验机刻度盘的刻度不是等间距排列的。

冲击吸收能量 K 是反映材料抗冲击性能的主要指标,单位是 J。

试样缺口分为 V 型和 U 型两种,其冲击吸收能量分别记为 KV 和 KU。冲击时,使得试样缺口置于简支梁的受拉侧,由于缺口的存在,缺口根部附近的材料处于三向拉伸应力状态。由强度理论可知,在三向拉应力作用下的点,即使是塑性材料,也会呈现出脆性破坏。

K 指标缺乏准确的物理意义,不能作为金属构件表征实际抵抗冲击能力的判据,只能相对近似地表征金属抵抗已发生断裂的再扩展能力。测量过程中存在轴的摩擦、机座的振动、空气阻力及试样抛出等,均会消耗能量,影响到 K 指标结果。

四、实验试样

金属材料标准试样尺寸为 10 mm×10 mm×55 mm,若材料尺寸不足以制作标准试样时,可以采用厚度尺寸较小的辅助试样,常用尺寸有 7.5 mm×10 mm×55 mm、5 mm×10 mm×55 mm、2.5 mm×10 mm×55 mm 三种。部分材料的辅助试样冲击吸收能量与标准试样冲击吸收能量可以换算。例如,室温下 Q235 钢夏比 V 型冲击试样的冲击吸收能量 K 与试样宽度 w 满足图 12-2 所示关系。

V 型标准试样:长度(55±0.60)mm;高度(10±0.075)mm;宽度(10±0.11)mm;在跨中(27.5±0.42)mm 处开设(2±0.185)mm 深的 V 型缺口,缺口根部半径为(0.25±0.025)mm;V 型开口角度为 45°±2°。

U 型标准试样:长度(55±0.60)mm;高度(10±0.11)mm;宽度(10±0.11)mm;在跨

中(27.5 ± 0.42)mm 处开设(2 ± 0.2)mm 或(5 ± 0.2)mm 深的 U 型缺口,缺口根部半径为(1 ± 0.07)mm。

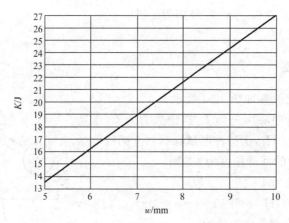

图 12-2　Q235 钢试样宽度与冲击吸收能量关系

五、实验程序

(1)测量试样尺寸,包括长度、缺口等。

(2)放置好防护网。打开试验机,预热。将摆锤扬起到一定高度,不放置试样空打一次,检查试验机的能量损失情况。对于最大打击能量为 300 J 的试验机,其偏差不能超过最大能量的 0.4%。

(3)安放试样,要注意对中。

(4)对试样冲击,读取冲击吸收能量,读取结果精确至 0.5 J。要注意,每次冲击前要将指针摆放到最大刻度位置。冲击试验机刻度盘的刻度是沿着逆时针方向由小到大排列的。

(5)关闭试验机。拾捡试样,观察试样断口。清理现场。

六、思考讨论题

(1)冲击实验有何工程意义?

(2)冲击吸收能量反映的是材料哪方面的性质?

12.2　基础型教学案例:材料平面应变断裂韧度的测定实验

实际工程中,很多构件是有缺陷或带裂纹工作的。这类构件往往会发生低应力脆断。这就涉及断裂力学。断裂力学以弹性力学和塑性力学为工具,对裂纹体的应力场和位移场进行研究,找出决定裂纹体扩展的物理量,并建立断裂准则。在平面应变条件下受张拉力作用的裂纹体易发生脆断,其断裂准则为

$$K_{\mathrm{I}}\leqslant K_{\mathrm{IC}} \tag{12-4}$$

式中,K_{I} 为 I 型裂纹的应力强度因子;K_{IC} 为平面应变断裂韧度。

若裂纹体满足式(12-4)的条件,则裂纹不会扩展,裂纹体不会发生低应力脆断。K_{IC} 是材料在小范围屈服和平面应变条件下张拉型裂纹发生失稳扩展时的临界应力强度因子,是材料的固有力学性能指标和工程断裂安全设计的重要依据。因此,测定材料的 K_{IC} 是非常重要的。

一、实验目的

(1)熟悉材料的平面应变断裂韧度 K_{IC} 的概念。

(2)掌握材料的平面应变断裂韧度 K_{IC} 的测定方法。

二、实验原理

依据断裂力学理论,试样的 I 型裂纹的应力强度因子 K_I 计算公式为

$$K_I = Y\sigma \sqrt{\pi a} \tag{12-5}$$

式中,Y 为试样的形状因子,在试样确定的情况下,Y 为常数;σ 为作用在试样上的力 F 引起的应力;a 为裂纹长度或深度。

实验时,只要测出裂纹扩展时的临界力和试样裂纹尺寸,即可得到平面应变断裂韧度 K_{IC}。裂纹的失稳扩展是在小范围塑性变形和平面应变条件下进行的,裂纹失稳扩展前的亚临界扩展并不明显,即裂纹失稳扩展前其长度和深度几乎没有增加。因此,只要测定临界力 F_Q 即可得到平面应变断裂韧度 K_{IC}。

使得裂纹尖端的屈服控制在小范围内的几何条件是

$$B \geqslant 2.5(K_Q/R_{p0.2})^2 ; a \geqslant 2.5(K_Q/R_{p0.2})^2 ; (W-a) \geqslant 2.5(K_Q/R_{p0.2})^2 \tag{12-6}$$

几何条件的具体含义如下:

(1)$(K_Q/R_{p0.2})^2$ 是材料相对断裂韧度的度量,是裂纹尖端塑性区尺寸的特征参数。平面应力状态为 $0.318(K_Q/R_{p0.2})^2$,平面应变状态为 $0.113(K_Q/R_{p0.2})^2$。表明裂纹尖端塑性区范围为 $0.113(K_Q/R_{p0.2})^2 \sim 0.318(K_Q/R_{p0.2})^2$。平面应变断裂韧度 K_{IC} 的判据取值 $2.5(K_Q/R_{p0.2})^2$,表明小屈服范围要求试样的裂纹长度 a、试样厚度 B、试样韧带宽度 $(W-a)$ 要比裂纹尖端塑性区大一数量级。

(2)$B \geqslant 2.5(K_Q/R_{p0.2})^2$ 是要求试样的厚度足够大,确保厚度方向为拉应力状态。

(3)$a \geqslant 2.5(K_Q/R_{p0.2})^2$ 是确保裂纹尖端应力场的弹性力学分析有效。

(4)$(W-a) \geqslant 2.5(K_Q/R_{p0.2})^2$ 是确保韧带宽度足够大,使得裂纹前缘还有很大一部分弹性区,进而确保韧带宽度方向上存在拉应力。

三、实验仪器设备

(1)高频拉压疲劳试验机,准确度级别为1级。

(2)电子万能试验机,准确度级别为1级。

(3)引伸计,标距为 5 mm。

(4)游标卡尺,分度值为 0.01 mm。

四、实验试样

对平面应变断裂韧度的 K_{IC} 测定,常用试样有三点弯曲试样和紧凑拉伸试样。选用三点弯曲试样,形状尺寸及加工质量要求如图 12-3 所示。

试样厚度为 B,裂纹长度为 a,试样宽度为 W,试样跨距为 S。其中,$S=4W$,$W=2B$,$a=(0.45\sim0.55)W$。

此处选取试样厚度 $B=20$ mm。

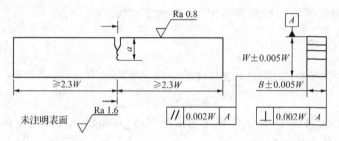

图 12-3　三点弯曲试样

五、实验程序

(1)测量试样尺寸。沿着预期裂纹扩展线,在等间距的至少三个位置测量试样厚度 B,取平均值。在靠近缺口处至少三个位置测量试样宽度,取平均值。卡尺测量精度不低于 0.025 mm。

(2)将试样放置到疲劳试验机上,注意对中。根据材料的规定塑性延伸强度、杨氏模量和试样尺寸来预估最大疲劳试验力值。疲劳过程的应力比要控制在 $0\sim0.1$。当裂纹长度 $a\approx0.5W$ 时,结束疲劳裂纹的预制。疲劳扩展部分裂纹的长度要不低于 $0.025W$ 或 1.3 mm 中的较大值,此处取 1.3 mm。

(3)将试样从疲劳试验机上取下,放置到电子万能试验机上,注意对中。将引伸计安放于试样缺口处,用来测量缺口处沿着跨距方向的张开位移 V。

(4)设定加载速率。应使应力强度因子的增加速率保持在 $0.5\sim3.0$ MPm$^{1/2}$/s。均匀加载,直至试样受力 F 不再增加为止。记录 F-V 曲线。

(5)试样断裂后,在 $B/2$、$3B/4$ 和 $B/4$ 位置上测量裂纹长度 a,取平均值。任意两者差值不得超过平均值的 10%。结果精确到 0.05 mm 或 0.5% 中的较大值,此处取 0.1 mm。

(6)观察断口形貌。

(7)实验结束,清理现场。

六、实验数据处理

测定的 F-V 曲线一般有如图 12-4 所示的三种情形。过原点作一直线,其斜率为 F-V 曲线线性段斜率的 95%,该直线交 F-V 曲线于 F_5 点。若在 F_5 之前曲线上任意点的力值均小于 F_5 点力值,则取 $F_Q=F_5$;若在 F_5 之前曲线上有一点力值大于 F_5,则取该点力值为 F_Q;若最大力值 $F_{max}\leqslant1.10F_Q$,则有效,否则无效。

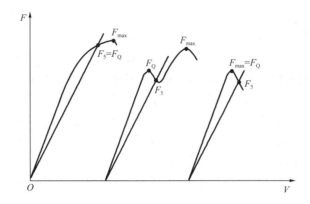

图 12-4　*F-V* 曲线

三点弯曲试样 K_{IC} 的条件值 K_Q 计算公式为

$$K_Q = \left(\frac{F_Q S}{B W^{\frac{3}{2}}}\right) f\left(\frac{a}{W}\right) \tag{12-7}$$

式中，$f\left(\dfrac{a}{W}\right) = \dfrac{3\left(\dfrac{a}{W}\right)^{\frac{1}{2}}\left[1.99 - \dfrac{a}{W}\left(1 - \dfrac{a}{W}\right)\left(2.15 - 3.93\dfrac{a}{W} + 2.70\dfrac{a^2}{W^2}\right)\right]}{2\left(1 + \dfrac{a}{W}\right)\left(1 - \dfrac{a}{W}\right)^{\frac{3}{2}}}$

若式(12-6)同时成立，则 $K_Q = K_{IC}$。

七、思考讨论题

(1)为何 F_5 才有可能成为临界力值？

(2)实验结果的有效性判据有什么物理意义？

12.3　拓展型教学案例:金属材料疲劳裂纹扩展速率的测定实验

一、实验目的

(1)学会金属材料疲劳裂纹扩展速率的测定方法。

(2)学会疲劳裂纹扩展门槛值的测定方法。

(3)观察疲劳裂纹扩展现象。

二、试样与仪器设备

(1)高频疲劳试验机,准确度级别为 1 级。

(2)读数显微镜。

(3)游标卡尺,分度值为 0.01 mm。

(4)试样:采用三点弯曲试样,其形状尺寸符号如图 12-3 所示。三点弯曲加力装置支辊圆柱直径取试样宽度的 1/8。

三、实验原理

疲劳裂纹的扩展有两种类型：弹性区内扩展和塑性区内扩展。弹性区内扩展为小范围屈服区内的扩展；塑性区内扩展为大范围屈服或全屈服区内的扩展。承受高周疲劳的零件的裂纹扩展属于稳定的亚临界扩展，疲劳裂纹扩展速率 $da/dN < 10^{-2}$ mm/cycle，属于弹性范围内的扩展；$da/dN > 10^{-2}$ mm/cycle 的扩展属于低周疲劳扩展。

对张拉型（I 型）裂纹，线弹性断裂力学一般用 K_1 来描述小屈服范围下的裂纹尖端应力－应变场，用 ΔK 来描述疲劳裂纹的扩展。

在裂纹扩展速率 da/dN 和应力强度因子 ΔK 的关系表达式中，应用最广的是 Paris 公式：

$$da/dN = C\Delta K^n \tag{12-8}$$

式中，C、n 是与材料、环境和试样几何形状有关的参数，N 为循环数，a 为计算裂纹长度。

在双对数坐标系下，式（12-8）表现为一条折线，如图 12-5 所示。

图 12-5 中曲线分为三个阶段。

第 I 阶段的上限点为 A，对应的应力强度因子幅度为疲劳裂纹扩展门槛值 ΔK_{th}。工程上一般定义为 $da/dN = 10^{-7}$ mm/cycle 对应的 ΔK。在疲劳应力作用下，第 I 阶段裂纹不扩展或扩展速率小于 10^{-7} mm/cycle。

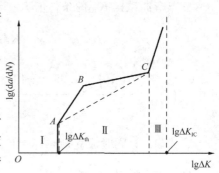

图 12-5 $da/dN-\Delta K$ 关系曲线

第 II 阶段为疲劳裂纹扩展的稳定阶段，也称为亚临界扩展阶段。一般来说，10^{-6} mm/cycle < da/dN < 10^{-3} mm/cycle。第 II 阶段的上限点为 C，下限点为 A。实验中，一般把第 II 阶段的 ABC 折线按照直线 AC 处理，进而求得 Paris 公式中的 C 和 n。实际上，AB 段代表平面应变状态下的扩展，BC 段代表平面应力状态下的扩展。

第 III 阶段是裂纹的快速扩展区，一般 $da/dN > 10^{-3}$ mm/cycle，属于快速失稳扩展。

四、实验程序

（1）测量试样尺寸。用最小分度值不大于 0.01 mm 的量具在试样的韧带区域三点处测量厚度，取算术平均值。用最小分度值不大于 0.001 倍的试样宽度的量具在试样的裂纹所在截面附近测量宽度。

（2）预制疲劳裂纹。应力比取值 0.2。预制疲劳裂纹时最大力的误差控制在 ±5% 以内；最后一级最大力值不能超过开始记录实验数据时的最大力值。预制好的疲劳裂纹长度要求：用读数显微镜在前后表面上从切口顶端到疲劳裂纹尖端测量裂纹长度，准确到 ±0.1 mm 或 ±0.002 倍的试样宽度中的大者；裂纹长度要不小于 0.1 倍的试样厚度，且不小于 1 mm；若前后表面裂纹长度之差超过 0.25 倍的试样厚度，则预制裂纹无效。

（3）开始疲劳裂纹扩展实验。在实验过程中，记录若干循环数 N 及对应的裂纹长度 a。用显微镜读出试样前后表面测量的裂纹长度并记录。记录裂纹长度的间隔取值为

0.02 倍的试样宽度。每次测量中断实验的时间间隔不能超过 10 min；循环数由疲劳试验机直接读取。

(4) 采用拟合 $a-N$ 曲线求导的方法确定 a/N。

(5) 确定疲劳裂纹门槛值。取 10^{-7} mm/cycle $< a/N < 10^{-6}$ mm/cycle 的 $(a/N)_i$ 及对应的 ΔK_i 一组数据为一对数据点，至少得到 5 对数据点。以 $\lg(a/N)$ 为自变量，用线性回归法拟合 $\lg(a/N) - \lg(\Delta K)$ 数据点，得到 Paris 公式中的 C 和 n。

取 $a/N = 10^{-7}$ mm/cycle 计算对应的 ΔK 值即为疲劳裂纹扩展门槛值 ΔK_{th}。

对于标准三点弯曲试样，ΔK 的计算公式如下：

$$\Delta K = \frac{\Delta P}{BW^{\frac{1}{2}}}\left[\frac{6\alpha^{\frac{1}{2}}}{(1+2\alpha)(1-\alpha)^{\frac{3}{2}}}\right]\left[1.99-\alpha(1-\alpha)(2.15-3.93\alpha+2.7\alpha^2)\right] \quad (12-9)$$

式中，$\alpha = \dfrac{a}{W}$，且 $0.3 \leqslant \alpha \leqslant 0.9$ 时有效，ΔP 为力值范围。

五、实验数据处理

某材料试样测定的数据见表 12-1。

表 12-1　　　　　　　　　　　　　　　实验结果

编号	试样厚度 B/mm	试样宽度 W/mm	裂纹扩展增量 Δa/mm	循环次数增量 ΔN/cycle	裂纹扩展速率 da/dN /(10^{-7} mm/cycle)	力值范围 ΔP/N	应力强度因子范围 ΔK/(MPa mm$^{1/2}$)
1	25.10	50.02	0.29	806 908	3.532	6 500	252
2	25.10	50.01	0.34	947 128	3.590	6 500	253
3	25.09	50.02	0.36	956 152	3.713	6 500	255
4	—	—	0.25	660 205	3.787	6 500	257
5	—	—	0.27	605 216	4.379	6 500	269

由表 12-1 数据可得到

Paris 公式：$da/dN = 7.282 \times 10^{-15} \Delta K^{3.201}$

裂纹扩展门槛值：$\Delta K_{th} = 170$ MPa mm$^{1/2}$

六、思考讨论题

(1) 疲劳裂纹的长度测量方法有哪些？

(2) 疲劳裂纹扩展分几个阶段？

第13章

疲劳实验

"疲劳"是对长期处于交变应力作用下构件破坏形式的一种比喻,由于比较形象,已被学术界作为一种专业词汇普遍接受。

在循环荷载作用下,工作应力低于材料的屈服强度,经过较长时间运行而发生的失效现象称为疲劳破坏。金属疲劳破坏的机理为:在较大的交变应力作用下,金属中位置最不利或较弱的晶体,会沿着最大切应力作用面形成滑移带,滑移带开裂形成微观裂纹。在材料内部缺陷或表面划痕、切口、沟槽等部位因存在较大应力集中,皆可能引起微观裂纹。分散的微观裂纹集结沟通形成宏观裂纹。在没有超出材料的静载承受范围的交变应力作用下,裂纹会扩展。当某一主要裂纹的尺寸达到临界值时,就发生破坏。

疲劳破坏的危害非常大。例如,20世纪50年代英国德—哈维兰公司生产的彗星号民用喷气式飞机发生过五次空难,2003年美国发现号航天飞机返回时空中爆炸等。导致这些事故的主要因素为材料的疲劳破坏。因此,材料的疲劳强度研究对提高产品的可靠性与使用寿命有着重要的意义。

研究表明,不存在一种解析的方法可以有效地预测产品的使用寿命。使用寿命的估计只能通过对产品的疲劳实验数据分析获得。对产品进行疲劳实验的成本是很高的,尤其是一些复杂的结构。因此,一般采用结构简单、造价低廉的标准试样进行疲劳实验,得到材料的疲劳性能数据,为疲劳设计提供参数。所以疲劳实验是疲劳设计的依据。

根据失效循环次数将疲劳划分为低周疲劳和高周疲劳。低周疲劳一般指循环次数低于50 000次,也称为应变疲劳;高周疲劳一般指循环次数高于50 000次。

13.1 疲劳破坏的特征及实验数据统计处理方法

疲劳应力循环中,具有最大代数值的应力为最大应力 S_{max};具有最小代数值的应力为最小应力 S_{min};最大应力和最小应力代数平均值为平均应力 S_m;最大应力和最小应力的代数差的一半为应力幅 S_z;任何一个单循环的最小应力与最大应力的比值为应力比 R;最大应力和最小应力的代数差为应力范围 ΔS。

$$\Delta S = S_{max} - S_{min} \tag{13-1}$$

$$S_z = \frac{\Delta S}{2} = \frac{S_{max} - S_{min}}{2} \tag{13-2}$$

$$R=\frac{S_{min}}{S_{max}} \tag{13-3}$$

$$S_m=\frac{S_{max}+S_{min}}{2} \tag{13-4}$$

S_z 为疲劳应力的动载分量,是疲劳失效的决定因素;S_m 为疲劳应力的静载分量,是疲劳失效的次要因素。表示上述应力时,拉应力为正,压应力为负。

疲劳断裂一般是突然发生的,并不产生明显的塑性变形。疲劳裂纹存在萌生、扩展、断裂三个阶段,所以疲劳断口分为疲劳源区、裂纹扩展区和瞬时断裂区三部分。

疲劳源往往起源于原有的宏观缺陷。应力集中会促进裂纹的萌生和扩展,所以带有缺口的试样的疲劳源比较多,导致前沿线呈现为波浪形。在拉压循环作用下,疲劳源和前沿线一般在一侧发展;在反复弯曲作用下,疲劳源和前沿线一般在两侧发展;在旋转弯曲作用下,沿着与旋转方向相反方向的疲劳前沿线推进快,疲劳源则偏向于旋转方向一边;在扭转作用下,断口可能呈现 45°状、台阶状或锯齿状,因为最大拉应力与最大切应力的作用不同。

典型的圆截面试样疲劳断口宏观特征见表 13-1。

表 13-1　　　　　　　　　　典型圆截面试样疲劳断口宏观特征

应力状态	低名义应力		高名义应力	
	带缺口试样	光滑试样	带缺口试样	光滑试样
拉压				
单向弯曲				
反复弯曲				
旋转弯曲				
扭转				

工程材料的疲劳性能是通过一组试样在不同应力水平下测定疲劳寿命与应力之间的函数关系确定的。一般是在双对数坐标系或单对数坐标系下拟合 S-N 曲线。即使实验操作的非常细致,尽量控制误差,疲劳实验结果通常也有很大离散性。这种离散性是由试样的化学成分、热处理不均匀等因素引起的。

疲劳实验数据一般有两种表示方式:一是给定应力下的疲劳寿命,二是给定寿命下的疲劳强度。

给定应力 S 下的疲劳寿命可以看作是一自由变量,通常认为疲劳寿命的对数服从正态分布,如图 13-1 所示;给定寿命 N 下的疲劳强度也可以看作是一自由变量,通常认为疲劳强度的对数也服从正态分布,如图 13-2 所示。

$$P(x) = \frac{1}{\sigma_x\sqrt{2\pi}}\int_{-\infty}^{x}\exp\left[-\frac{1}{2}\left(\frac{x-\mu_x}{\sigma_x}\right)^2\right]\mathrm{d}x \tag{13-5}$$

式中,x 为给定应力 S 下的疲劳寿命或给定寿命 N 下的疲劳强度;μ_x 为 x 的均值;σ_x 为 x 的标准偏差。

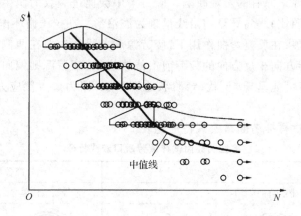

图 13-1　给定应力下的疲劳寿命分布(S 为应力幅,N 为循环次数)

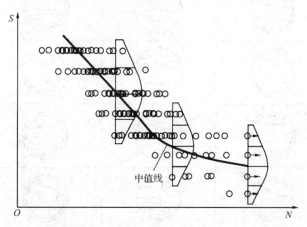

图 13-2　给定寿命下的疲劳强度分布(S 为应力幅,N 为循环次数)

疲劳实验结果的可靠性主要依赖于被测试样的数量。疲劳实验所需的试样数量 n 计算如下:

$$n = \frac{\ln\alpha}{\ln(1-P)} \tag{13-6}$$

式中,P 为失效概率;$1-\alpha$ 为置信度。

一般而言,50％置信度的试样数量用于解释实验,95％置信度的试样数量用于可靠性设计,其他置信度用于工程应用。

一、给定应力下疲劳寿命的估计

将疲劳实验获得的给定应力下的疲劳寿命 N 的对数值 $\lg N = x$ 按照从小到大的顺序排列，即 $x_1 < x_2 < x_3 < \cdots < x_i < \cdots < x_n$，共 n 个值。在第 i 级数的失效概率 P_i 为

$$P_i = (i - 0.3)/(n + 0.4) \tag{13-7}$$

以 $\lg N$ 为横坐标，P 为纵坐标，绘制 $\lg N\text{-}P$ 关系曲线，在曲线上找到 $P = 10\%$ 和 $P = 90\%$ 对应的值 x_{10} 和 x_{90}，则 x 平均值的估计值 $\hat{\mu}_x$ 和标准偏差的估计值 $\hat{\sigma}_x$ 计算如下：

$$\hat{\mu}_x = \frac{x_{10} + x_{90}}{2} \tag{13-8}$$

$$\hat{\sigma}_x = \frac{x_{90} - x_{10}}{2.56} \tag{13-9}$$

疲劳寿命 N 的变动系数 $\hat{\mu}_N$ 为

$$\hat{\mu}_N = \sqrt{\exp\left[(\ln 10)^2 \hat{\sigma}_x^2 - 1\right]} \tag{13-10}$$

正态分布时，在置信度为 $1 - \alpha$ 和失效概率为 P 情况下，估计疲劳寿命的下限值 $\hat{x}_{p,1-\alpha,\upsilon}$ 为

$$\hat{x}_{p,1-\alpha,\upsilon} = \hat{\mu}_x - k_{p,1-\alpha,\upsilon}\,\hat{\sigma}_x \tag{13-11}$$

式中，自由度 $\upsilon = n - 1$；$k_{p,1-\alpha,\upsilon}$ 是正态分布的单侧误差限系数，其值见表 13-2。

表 13-2　　　　　　不同概率下正态分布单侧误差限系数 $k_{p,1-\alpha,\upsilon}$ 取值

υ	P/%							
	10		5		1		0.1	
	$(1-\alpha)$ /%							
	90	95	90	95	90	95	90	95
6	2.333	2.755	2.894	3.399	3.972	4.641	5.301	6.061
7	2.219	2.582	2.755	3.188	3.783	4.353	4.955	5.686
8	2.133	2.454	2.649	3.031	3.641	4.143	4.772	5.414
9	2.065	2.355	2.568	2.911	3.532	3.981	4.629	5.203
10	2.012	2.275	2.503	2.815	3.444	3.852	4.515	5.036
11	1.966	2.210	2.448	2.736	3.370	3.747	4.420	4.900
12	1.928	2.155	2.403	2.670	3.310	3.659	4.341	4.787
13	1.895	2.108	2.363	2.614	3.257	3.585	4.274	4.690
14	1.866	2.068	2.329	2.566	3.212	3.520	4.215	4.607
15	1.842	2.032	2.299	2.523	3.172	3.463	4.164	4.534
16	1.820	2.001	2.272	2.486	3.136	3.415	4.118	4.471
17	1.800	1.974	2.249	2.453	3.106	3.370	4.078	4.415
18	1.781	1.949	2.228	2.423	3.078	3.331	4.041	4.364

（续表）

v	P/%							
	10		5		1		0.1	
	$(1-\alpha)$ /%							
	90	95	90	95	90	95	90	95
19	1.765	1.926	2.208	2.396	3.052	3.295	4.009	4.319
20	1.750	1.905	2.190	2.371	3.028	3.262	3.979	4.276
21	1.736	1.887	2.174	2.350	3.007	3.233	3.952	4.238
22	1.724	1.869	2.159	2.329	2.987	3.206	3.927	4.204
23	1.712	1.853	2.145	2.309	2.969	3.181	3.904	4.171
24	1.702	1.838	2.132	2.292	2.952	3.158	3.882	4.143
25	1.657	1.778	2.080	2.220	2.884	3.064	3.794	4.022

二、给定寿命下疲劳强度的估计

用升降法测定疲劳强度。预先对被测材料的平均疲劳强度和标准偏差进行估计，以估计的平均疲劳强度作为第一级应力水平，应力台阶选取接近标准偏差来进行实验。若无法估计标准偏差，则可取平均疲劳强度估计值的 3%～5%。

若无资料预估平均疲劳强度，可采用少量试样进行预备性实验估计平均疲劳强度。对旋转弯曲疲劳实验，可根据疲劳强度与抗拉强度的经验关系来估计疲劳强度。对碳钢和合金钢的光滑试样，一般满足 $\sigma_{-1} \approx 0.44 R_m$ 的关系；对碳钢和合金钢的漏斗形试样，一般满足 $\sigma_{-1} \approx 0.52 R_m$ 的关系；对珠光体球墨铸铁的光滑试样，一般满足 $\sigma_{-1} \approx 0.34 R_m$ 的关系；对铁素体球墨铸铁的光滑试样，一般满足 $\sigma_{-1} \approx 0.48 R_m$ 的关系（σ_{-1} 为应力比为 -1 时的条件疲劳强度，R_m 为抗拉强度）。

随机抽取一个试样在第一级应力下进行实验，观察在给定循环数下是否发生失效。若上一个试样发生失效，则对下一个试样降低一个应力级；若上一个试样没有发生失效，则对下一个试样增加一个应力级；对所有试样按照这种方式进行实验。

将所有实验数据按照从小到大排列，即 $S_1 < S_2 < S_3 < \cdots < S_i < \cdots < S_l$，共 l 级应力水平。若指定事件数为 f_i，指定应力台阶为 d。当 $\lg S = y$ 服从正态分布时，y 的平均值估计值 $\hat{\mu}_y$ 和标准偏差的估计值 $\hat{\sigma}_y$ 为

$$\hat{\mu}_y = S_0 + d\left(\frac{A}{C} \pm \frac{1}{2}\right) \tag{13-12}$$

$$\hat{\sigma}_y = 1.62d(D + 0.029) \tag{13-13}$$

式(13-12)和式(13-13)中，$A = \sum_{i=1}^{l} i f_i, B = \sum_{i=1}^{l} i^2 f_i, C = \sum_{i=1}^{l} f_i, D = \frac{BC - A^2}{C^2}$。

式(13-12)中，当被分析事件失效时取 $1/2$；当被分析事件没有失效时取 $-1/2$。

式(13-13)中，当 $D > 0.3$ 时才有效，意味着 d/σ_y 在 $0.5 \sim 2.0$。

正态分布时，在置信度为 $1-\alpha$ 和失效概率为 P 的情况下，估计疲劳强度的下限值为

$$\hat{y}_{p,1-\alpha,v} = \hat{\mu}_y - k_{p,1-\alpha,v} \hat{\sigma}_y \tag{13-14}$$

三、S-N 曲线的统计估计

要得到 S-N 曲线,需要在 50%的失效概率和不同应力水平下进行疲劳实验。一般假定疲劳寿命的对数变量服从正态分布。

解释实验一般采用四个等间距应力水平,可靠性设计一般采用五个等间距应力水平。在高周疲劳区间(例如,从 $5×10^4 \sim 1×10^6$ 循环周次),一般选取三个应力水平。

通常利用线性数学模型来分析 S-N 关系。令 $x=\lg N$,$y=\lg S$ 或 $y=S$(根据最好的线性来选取),则

$$x=b-ay \tag{13-15}$$

式中,a、b 为待定常数。

若 a 的估计值为 $\hat{a}$,b 的估计值为 $\hat{b}$,$\bar{x}=\dfrac{1}{n}\sum\limits_{i=1}^{n}x_i$,$\bar{y}=\dfrac{1}{n}\sum\limits_{i=1}^{n}y_i$,则

$$\hat{a}=-\frac{\sum\limits_{i=1}^{n}(x_i-\bar{x})(y_i-\bar{y})}{\sum\limits_{i=1}^{n}(y_i-\bar{y})^2} \tag{13-16}$$

$$\hat{b}=\bar{x}+\hat{a}\,\bar{y} \tag{13-17}$$

平均 S-N 曲线的对数疲劳寿命的标准偏差估计为

$$\hat{\sigma}_x=\sqrt{\frac{\sum\limits_{i=1}^{n}\left[x_i-(\hat{b}-\hat{a}y_i)\right]^2}{n-2}} \tag{13-18}$$

疲劳强度的标准偏差估计为

$$\hat{\sigma}_y=\frac{\hat{\sigma}_x}{\hat{a}} \tag{13-19}$$

在 $1-\alpha$ 置信度、失效概率为 P、自由度为 $\upsilon=n-2$ 条件下的 S-N 曲线的下极限为

$$\hat{x}_{p,1-\alpha,\upsilon}=\hat{b}-\hat{a}y-k_{p,1-\alpha,\upsilon}\hat{\sigma}_x\sqrt{1+\frac{1}{n}+\frac{(y-\bar{y})^2}{\sum\limits_{i=1}^{n}(y_i-\bar{y})^2}} \tag{13-20}$$

13.2 基础型教学案例:金属材料高周疲劳实验

一、实验目的

(1)熟悉轴向力控制疲劳实验方法。
(2)掌握升降法测定规定疲劳寿命下的疲劳强度。
(3)掌握 S-N 曲线的测定方法。
(4)观察疲劳断口。

二、实验试样

圆截面试样。试样形状尺寸如图 13-3 所示。试样平行度不超过 0.03 mm,同轴度不超过 0.03 mm,垂直度不超过 0.03 mm,两端面与试样轴线垂直度不超过 0.05 mm。夹持部分为细牙螺纹,螺纹规格 M20×1.5 mm,夹持部分长度 42 mm。试样表面粗糙度 $Ra \leqslant 0.2 \ \mu$m。

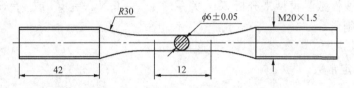

图 13-3　试样形状尺寸(单位:mm)

三、实验仪器设备

(1)高频拉压疲劳试验机,准确度级别为 1 级。

(2)游标卡尺,分度值为 0.01 mm。

四、实验程序

(1)测量试样直径。

(2)装夹试样,安装时要注意同轴度。

(3)预估试样的疲劳强度,规定疲劳寿命为 10^7 次。设定应力比为 −1。

(4)根据试样直径和预估强度,设定平均力值和交变力值(对第一根试样施加的最大应力:对钢材,初始应力可取抗拉强度的 60%;对轻金属,初始应力可取抗拉强度的 40%)。启动试验机开始实验。

(5)升降法。观察第一根试样的断裂情况。若达到 10^7 次循环时试样没坏,则下一根试样将力增大 5%;若在达到 10^7 次循环前试样断裂,则下一根试样将力减小 5%;如此反复循环。直至达到三级应力水平下足够的断裂和未断裂试样数量。利用上一节内容算出疲劳强度。

(6)以升降法测定的疲劳强度为基准,依次增加应力台阶,至少设置五级应力台阶。在每一级台阶上实验一定数量的试样。记录每一级应力下每根试样的破断循环次数。当试样达到 10^7 次循环仍未断裂时,停止对该试样实验,换另一根试样继续。

(7)将测定的循环次数和最大应力绘制到双对数坐标系下。对每一级应力,算出均值和标准偏差。根据预定的试样数量、置信度和失效概率,可确定单侧误差限系数,进而得到预定失效概率和置信度下的 $S-N$ 曲线。利用上一节内容绘出曲线。

(8)观察疲劳断口。

(9)关闭仪器,清理现场。

五、升降法举例

某实验数据见表 13-3。

表 13-3   升降法实验数据(应力台阶 10 MPa)

S_i/MPa	试样序号														
	1	2	3	4	5	6	7	8	9	10	11	12	13	14	15
260					×		×						×		×
250		×		○		○		×				○		○	
240	○		○						×		○				
230										○					
—	16	17	18	19	20	21	22	23	24	25	26	27	28	29	30
260				×				×							
250	×		○		×		○		×				×		
240		○				○					×	○		×	
230										○					○

注:×为试样失效;○为试样经 10^7 循环后未发生失效;S_i 为最大疲劳应力。

把失效试样当作分析对象 f_i,实验数据见表 13-4。

表 13-4   实验数据

S_i/MPa	水平 i	值		
		f_i	if_i	$i^2 f_i$
260	2	6	12	24
250	1	6	6	6
240	0	3	0	0
总和	—	15	18	30

$$A = \sum i f_i = 18; B = \sum i^2 f_i = 30; C = \sum f_i = 15; D = \frac{BC - A^2}{C^2} = 0.56 > 0.3,$$

判定实验结果有效。

平均疲劳强度:$\hat{\mu}_y = S_0 + d\left(\frac{A}{C} - \frac{1}{2}\right) = 240 + 10 \times \left(\frac{18}{15} - \frac{1}{2}\right) = 247$ MPa

疲劳强度的标准偏差:
$$\hat{\sigma}_y = 1.62d(D + 0.029) = 1.62 \times 10 \times (0.56 + 0.029) \approx 9.5 \text{ MPa}$$

疲劳强度标准偏差为 9.5 MPa,与应力台阶 10 MPa 非常接近,表明应力台阶选取合理。

(1)失效概率 1%,置信度 95%,自由度为 $\nu = 15 - 1 = 14$,则
$$k_{p,1-a,\nu} = k_{0.01,0.95,14} = 3.520$$

疲劳强度下极限:$\hat{y}_1 = \hat{\mu}_y - k_{0.01,0.95,14}\hat{\sigma}_y = 247 - 3.520 \times 9.5 \approx 214$ MPa

(2)失效概率 5%,置信度 95%,自由度为 $\nu = 15 - 1 = 14$,则
$$k_{p,1-a,\nu} = k_{0.05,0.95,14} = 2.566$$

疲劳强度下极限:$\hat{y}_5 = \hat{\mu}_y - k_{0.05,0.95,14}\hat{\sigma}_y = 247 - 2.566 \times 9.5 \approx 223$ MPa

(3)失效概率 10%,置信度 95%,自由度为 $\nu = 15 - 1 = 14$,则
$$k_{p,1-a,\nu} = k_{0.10,0.95,14} = 2.068$$

疲劳强度下极限：$\hat{y}_{10} = \hat{\mu}_y - k_{0.10,0.95,14}\hat{\sigma}_y = 247 - 2.068 \times 9.5 \approx 227$ MPa

(4) 失效概率 50%，置信度 95%，自由度为 $\nu = 15 - 1 = 14$，则

$$k_{p,1-a,\nu} = k_{0.50,0.95,14} = 0.454\ 8$$

疲劳强度下极限：$\hat{y}_{50} = \hat{\mu}_y - k_{0.50,0.95,14}\hat{\sigma}_y = 247 - 0.454\ 8 \times 9.5 \approx 243$ MPa

六、高周疲劳区间 $S-N$ 曲线绘制举例

某高周疲劳实验结果见表 13-5。

利用线性模型 $x = b - ay$ 统计分析 S-N 关系。采用半对数坐标，令 $y = S$，$x = \lg N$。

根据表 13-5 中数据可以得出：$\bar{y} = 270$ MPa，$\bar{x} = 5.846\ 5$。

$$\sum (x_i - \bar{x})^2 = 4.790$$

$$\sum (y_i - \bar{y})^2 = 3\ 000$$

$$\sum (x_i - \bar{x})(y_i - \bar{y}) = -102.062$$

$$\hat{a} = -\frac{\sum (x_i - \bar{x})(y_i - \bar{y})}{\sum (y_i - \bar{y})^2} = 0.034\ 02$$

$$\hat{b} = \bar{x} + \hat{a}\,\bar{y} = 15.031\ 9$$

$S-N$ 关系拟合线方程为：$x = 15.031\ 9 - 0.034\ 02y$

即 $\lg N = 15.031\ 9 - 0.034\ 02\sigma_{max}$

$S-N$ 曲线对数疲劳寿命与疲劳强度的标准偏差：

$$\hat{\sigma}_x = \sqrt{\frac{\sum_{i=1}^{n} [y_i - (\hat{b} - \hat{a}y_i)]^2}{n-2}} = 0.175\ 1$$

$$\hat{\sigma}_y = \frac{\hat{\sigma}_x}{a} = 5.147$$

表 13-5   高周疲劳实验 $S-N$ 数据

试样数 i	应力 $y_i = S_i$/MPa	疲劳寿命 N_i	试样数 i	应力 $y_i = S_i$/MPa	疲劳寿命 N_i
1	280	434 126	24	270	686 177
2	280	291 312	25	270	496 519
3	280	235 110	26	270	505 650
4	280	324 281	27	270	798 412
5	280	365 948	28	270	679 873
6	280	299 906	29	270	486 176
7	280	339 610	30	270	1 284 662
8	280	315 282	31	260	3 290 887
9	280	375 927	32	260	2 205 729
10	280	299 906	33	260	985 249
11	280	349 617	34	260	1 044 769
12	280	316 284	35	260	1 267 243

试样数 i	应力 $y_i = S_i$/MPa	疲劳寿命 N_i	试样数 i	应力 $y_i = S_i$/MPa	疲劳寿命 N_i
13	280	394 287	36	260	1 357 260
14	280	325 948	37	260	1 226 885
15	280	279 907	38	260	3 645 987
16	270	579 870	39	260	1 134 741
17	270	586 175	40	260	1 019 921
18	270	1 884 661	41	260	3 564 894
19	270	399 043	42	260	678 529
20	270	674 684	43	260	1 226 885
21	270	605 983	44	260	3 645 987
22	270	875 736	45	260	1 134 741
23	270	559 883	—	—	—

(1) 1% 失效概率，95% 置信度下的 S-N 曲线的下极限估计：

$$\hat{x}_{p,1-\alpha,\nu} = \hat{b} - \hat{a}y - k_{p,1-\alpha,\nu}\hat{\sigma}_x \sqrt{1 + \frac{1}{n} + \frac{(y-\bar{y})^2}{\sum_{i=1}^{n}(y_i-\bar{y})^2}}$$

$$k_{p,1-\alpha,\nu} = k_{0.01,0.95,43} = 2.905\ 8$$

$$\hat{x}_1 = 15.031\ 9 - 0.034\ 02y - 0.508\ 8 \times \sqrt{1.022\ 2 + \frac{(y-270)^2}{3\ 000}}$$

即 $\lg N = 15.031\ 9 - 0.034\ 02\sigma_{\max} - 0.508\ 8 \times \sqrt{1.022\ 2 + \frac{(\sigma_{\max}-270)^2}{3\ 000}}$

(2) 5% 失效概率，95% 置信度下的 S-N 曲线的下极限估计：

$$k_{p,1-\alpha,\nu} = k_{0.05,0.95,43} = 2.098\ 5$$

$$\hat{x}_5 = 15.031\ 9 - 0.034\ 02y - 0.367\ 4 \times \sqrt{1.022\ 2 + \frac{(y-270)^2}{3\ 000}}$$

即 $\lg N = 15.031\ 9 - 0.034\ 02\sigma_{\max} - 0.367\ 4 \times \sqrt{1.022\ 2 + \frac{(\sigma_{\max}-270)^2}{3\ 000}}$

(3) 10% 失效概率，95% 置信度下的 S-N 曲线的下极限估计：

$$k_{p,1-\alpha,\nu} = k_{0.10,0.95,43} = 1.674\ 1$$

$$\hat{x}_{10} = 15.031\ 9 - 0.034\ 02y - 0.293\ 1 \times \sqrt{1.022\ 2 + \frac{(y-270)^2}{3\ 000}}$$

即 $\lg N = 15.031\ 9 - 0.034\ 02\sigma_{\max} - 0.293\ 1 \times \sqrt{1.022\ 2 + \frac{(\sigma_{\max}-270)^2}{3\ 000}}$

(4) 50% 失效概率，95% 置信度下的 S-N 曲线的下极限估计：

$$k_{p,1-\alpha,\nu} = k_{0.50,0.95,43} = 0.253\ 4$$

$$\hat{x}_{50} = 15.031\ 9 - 0.034\ 02y - 0.044\ 4 \times \sqrt{1.022\ 2 + \frac{(y-270)^2}{3\ 000}}$$

即:$\lg N=15.031\ 9-0.034\ 02\sigma_{\max}-0.044\ 4\times\sqrt{1.022\ 2+\dfrac{(\sigma_{\max}-270)^2}{3\ 000}}$

图 13-4 中的直线 B 显示了 50% 失效概率,95% 置信度下的拟合线。

图 13-4 中的直线 C 显示了 10% 失效概率,95% 置信度下的拟合线。

图 13-4 中的直线 D 显示了 5% 失效概率,95% 置信度下的拟合线。

图 13-4 中的直线 E 显示了 1% 失效概率,95% 置信度下的拟合线。

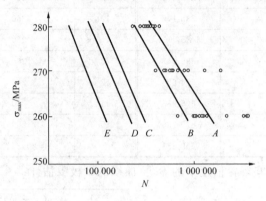

图 13-4 高周疲劳下的 $S\text{-}N$ 曲线

七、思考讨论题

(1)疲劳实验有什么工程意义?

(2)失效概率、可靠度、置信度之间有何关系?

第14章

综合性实验

14.1　基础型教学案例:压杆稳定性临界载荷的测定实验

一、失稳与压缩破坏的区别

长度较小的受压柱体应力达到屈服极限或强度极限时,将引起塑性变形或断裂。例如低碳钢短柱被压扁,铸铁短柱被压裂。这是由于强度不足引起的破坏。

细长杆由于不可避免地存在尺寸不均匀、存在初始曲率、受到水平微小干扰力、受力轴线与杆轴线不在一条直线上等原因,受压时,表现出与强度破坏截然不同的性质。以两端铰支的细长杆为例,当轴向压力小于某一极限力值时,杆件保持直线形状的平衡,即使用微小的侧向干扰力使其暂时发生侧向弯曲,干扰力消除后仍将恢复其直线形状,这表明压杆处于稳定平衡状态。当压力逐渐增加到某一极限力值时,压杆的直线平衡变得不稳定,将转变为曲线形状的平衡。此时,如果用微小的侧向干扰力使其发生轻微弯曲,干扰力消除后,它将保持曲线形状的平衡,不能恢复原有的直线形状。上述的极限力值称之为临界力,压杆丧失其直线形状的平衡而过渡为曲线平衡称之为失稳。实验证明,失稳的临界力远远小于按强度计算得到的破坏载荷。

二、实验背景

18世纪瑞士科学家 Leonhard Euler 以连续均质的弹性固体为研究对象建立了压杆稳定理论,提出了欧拉公式。

在轴心压力作用下,理想的杆件有三种失稳形式:弯曲失稳、扭转失稳和弯扭失稳。

弯曲失稳又称为弯曲屈曲,如图 14-1 所示,受压构件轴线会由直线变成曲线,此时受压构件会绕一个主轴弯曲变形。

扭转失稳是指受压构件绕纵轴线扭转变形,如图 14-2 所示。

弯扭失稳是指受压构件同时存在弯曲变形和扭转变形,如图 14-3 所示。

轴心受压构件的失稳破坏形式一般取决于端部支撑类型、构件长度、截面形式及尺寸等。双轴对称截面的压杆失稳形式一般为弯曲失稳;单轴对称截面及无对称截面的压杆失稳形式一般为弯扭失稳。

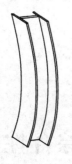 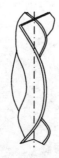 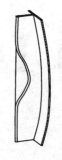

  图 14-1 弯曲失稳   图 14-2 扭转失稳   图 14-3 弯扭失稳

三、临界力的确定及欧拉公式的适用范围

压杆失稳临界力 F_{cr} 一般采用欧拉公式计算：

$$F_{cr} = \frac{\pi^2 E I_{min}}{(\mu l)^2} \tag{14-1}$$

式中，E 为材料杨氏模量；I_{min} 为压杆截面的最小惯性矩；l 为压杆的实际长度；μ 为长度系数；若两端铰接，$\mu=1$；若一端自由一端固定，$\mu=2$；若一端铰接一端固定，$\mu=0.7$；若两端固定，$\mu=0.5$。

用临界力 F_{cr} 除以试样横截面积 A 可得到与临界力对应的应力 σ_{cr}。

$$\sigma_{cr} = \frac{F_{cr}}{A} = \frac{\pi^2 E I_{min}}{(\mu l)^2 A} = \frac{\pi^2 E}{\lambda^2} \tag{14-2}$$

式中，λ 称为长细比，为构件计算长度与构件截面回转半径的比值，即 $\lambda = \mu l / i$。i 称为回转半径又叫惯性半径，是截面展开程度的直接度量，$i = \sqrt{I_{min}/A}$。

欧拉公式是由挠曲线近似微分方程导出的，而胡克定律又是微分方程的基础，所以只有临界应力不大于比例极限 σ_p 时，欧拉公式才是正确的，即：

$$\sigma_{cr} = \frac{\pi^2 E}{\lambda^2} \leqslant \sigma_p \tag{14-3}$$

即

$$\lambda \geqslant \pi \sqrt{E/\sigma_p} \tag{14-4}$$

这就是欧拉公式的适用范围。

四、实验目的

(1)观察弹性压杆失稳现象。
(2)测定不同杆端约束下压杆失稳的临界力。
(3)对压杆失稳临界力的理论值与实验值进行比较，验证欧拉公式。

五、实验原理

对于轴向受压的理想长细杆，根据压杆稳定理论，其临界力可用欧拉公式计算。由前面分析可知，压杆失稳的临界力为保持直线形状平衡的最大力。

若以压杆轴向压力 F 为纵坐标,以压杆的中点挠度 ω 为横坐标,则压杆的 $F\text{-}\omega$ 关系如图 14-4 所示。

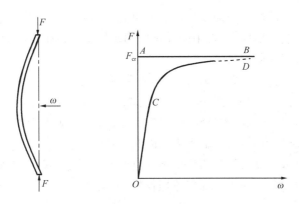

图 14-4　$F\text{-}\omega$ 关系曲线

根据压杆稳定理论,若 $F < F_{cr}$,杆件的直线平衡是稳定的,此时 $\omega = 0$,$F\text{-}\omega$ 的关系表现为直线 OA;若 $F = F_{cr}$,压杆丧失稳定,$F\text{-}\omega$ 的关系表现为直线 AB。

实际压杆不可避免地存在初曲率、压力偏心等问题。即使压力 F 很小,压杆也会有横向挠度 ω。这导致压杆的 $F\text{-}\omega$ 关系表现为图 14-4 中的曲线 OCD。曲线 OCD 渐近线的纵坐标即为临界载荷 F_{cr}。

图 14-4 中的渐近线即理论临界力值,在实验中一般是无法直接测到的,因为在达到渐近线的载荷之前,压杆早已丧失稳定而破坏。在实际操作中,可以采用曲线拟合的方法确定临界载荷 F_{cr}。

对 $F\text{-}\omega$ 关系曲线,一般采用双曲线方程来拟合。其拟合方程为

$$1/F = a + b/\omega \qquad (14\text{-}5)$$

式中,a、b 为待定系数,通过实验数据可以确定。临界载荷 $F_{cr} = 1/a$。

实际操作中,也可以选取 $F\text{-}\omega$ 的关系曲线中的近似水平段对应的轴向力值作为压杆失稳的临界力值。

六、实验仪器设备

(1)游标卡尺,分度值为 0.02 mm。

(2)钢直尺,量程 600 mm。

(3)百分表,量程 30 mm。

(4)压杆稳定实验装置,如图 14-5 所示。

(5)多功能力学实验系统。

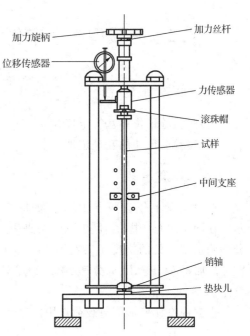

图 14-5　压杆稳定实验装置

七、实验程序

(1)按照实验要求的模式安装试样。实验模式分为:两端铰支、一端铰支一端固定、带中间铰支的两端铰支、两端固定、带中间固定的两端铰支以及带中间固定的两端固定。

(2)测量试样长度和截面尺寸。

(3)在压杆挠度最大的位置安装百分表,测量挠度。

(4)启动电脑,打开多功能力学实验系统电源并启动实验软件,对力值与挠度值调零。

(5)施加轴向压力,并观察软件绘图区域显示的 $F-\omega$ 关系曲线,当出现近似水平段时的轴向压力即为临界力值,记录临界力,卸载。重复测量三次。

(6)依据实验要求更改长细杆的约束条件,即变换实验模式,并重复(2)～(5)步骤。

(7)实验完成后,卸载,关闭电源并整理仪器,清理现场。

八、实验数据处理

(1)根据实验记录临界载荷。

(2)按照欧拉公式求出理论值,并与实验值进行比较。

九、思考讨论题

(1)理论值与实验值的差异在哪儿?

(2)实际压杆与理论压杆有何不同?如何判断压杆失稳?

(3)欧拉公式的适用条件是什么?

14.2 拓展型教学案例:位移互等定理的验证实验

一、实验目的

(1)实验验证位移互等定理。

(2)实验验证功的互等定理。

二、实验原理

在简支梁上任选两点 1 和 2,如图 14-6 所示。在图 14-6(a)中,在 1 点处加砝码 F_1,用千分表测量 2 点处的挠度 f_{21};在图 14-6(b)中,在 2 点处加砝码 F_2,用千分表测量 1 点处的挠度 f_{12}。

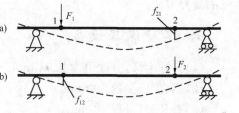

图 14-6 功的互等

根据弹性体变形能与载荷作用次序无关,得到功的互等定理。

$$F_1 f_{12} = F_2 f_{21} \tag{14-6}$$

若使 $F_1 = F_2$,则可得到位移互等定理

$$f_{12} = f_{21} \qquad\qquad (14\text{-}7)$$

三、实验程序

(1)在梁上合适位置选择两个测定点 1 和 2 并做上记号。

(2)在 2 点处装好千分表后,在 1 点挂上砝码 F,读得千分表的读数变化 Δf_{21},如此反复几遍。

(3)在 1 点处装好千分表后,在 2 点挂上砝码 F,读得千分表的读数变化 Δf_{12},如此反复几遍。

(4)若是同一千分表,则比较 Δf_{21} 与 Δf_{12} 是否相同,从而验证了功的互等定理和位移互等定理。

四、思考讨论题

(1)什么是功的互等定理?

(2)什么是位移互等定理?

14.3 拓展型教学案例:动态法测定金属材料杨氏模量实验

本节介绍如何采用动态法测定材料的杨氏模量。之所以能够采用动态法测定杨氏模量,是因为弹性变形在受力物体内以声速传播,而实验的振动加载速率要远远小于声速。因此,振动加载速率对杨氏模量的影响很小。

动态法测定杨氏模量是依据共振原理来实现的。使试样处于弯曲共振状态,测定其共振频率,利用共振频率就可以计算出试样的动态杨氏模量。一般采用悬丝耦合共振测定方法。该方法的振幅较大,共振容易识别,支撑的影响容易排除,振动的长度容易精确判定,适用温度范围较宽。

一、实验目的

(1)掌握采用动态法测定金属材料杨氏模量的步骤。

(2)了解动态法与静态法测定金属材料杨氏模量的区别。

二、实验仪器设备

(1)游标卡尺:最小分度不大于 0.05 mm。用于测量试样长度。

(2)天平:感量不大于 0.001g。用于称量试样质量。

(3)千分尺:最小分度不大于 0.002 mm。用于测量试样直径或宽度、厚度。

(4)测温装置:准确度达到 ±0.5 ℃。测量试样中部温度,不能与试样接触且与试样间距不超过 5 mm。

(5)共振实验装置如图 14-7 所示。

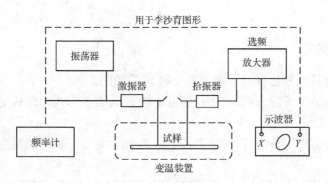

图 14-7　共振实验装置

三、实验试样

质量一般不小于 5 g。

推荐试样长度为 120～180 mm。对圆杆或圆管,推荐外径为 4～8 mm,长度为外径的 30 倍;对矩形杆,厚度为 1～4 mm,宽度为 5～10 mm。

要求试样材质均匀、平直。轴向不均匀度不大于 0.7%,平行度在 0.02 mm 以内,表面粗糙度不大于 1.6 μm。

四、实验方法

将试样清洗后测量。长度取两次测量的平均值。试样直径或厚度为沿长度方向十等分位置测量的均值。质量测到 1mg。

100 ℃ 以下的环境中,悬丝一般采用棉线;100 ℃ 以上的环境中,悬丝一般采用石英玻璃纤维。

推荐的悬吊位置为 $(0.200～0.215)l$ 或 $0.238l$,l 为试样的长度。

测量过程中对共振频率的鉴别方法有:粉纹法、阻尼法和频率比法。

粉纹法:将硅胶粉均匀地洒在试样表面上,共振时,这些粉末会聚集到试样的节点处。

阻尼法:沿着试样长度方向轻轻触及试样不同部位,共振时,在波节或节点处无反应,在波腹处有明显衰减。

两端自由杆弯曲共振的节点布置分布如图 14-8 所示。

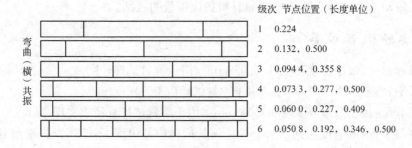

	级次	节点位置（长度单位）
弯曲（横）共振	1	0.224
	2	0.132, 0.500
	3	0.094 4, 0.355 8
	4	0.073 3, 0.277, 0.500
	5	0.060 0, 0.227, 0.409
	6	0.050 8, 0.192, 0.346, 0.500

图 14-8　节点位置分布

频率比法:利用测出的共振频率与后面测到的频率之比来鉴别共振基频。变温测量中的鉴频可用频率比法,区别虚假共振可用李沙育图形法。

五、实验数据处理

1. 圆杆的室温动态杨氏模量

圆杆的室温动态杨氏模量 E_d 计算公式为

$$E_d = 1.606\,7 \times 10^{-9} \left(\frac{l}{d}\right)^3 \frac{m}{d} f_1^2 T_1 \tag{14-8}$$

式中,m 为试样质量;l 为试样长度;d 为试样平均直径;f_1 为弯振基频共振频率均值;T_1 为修正系数,见表 14-1。

2. 圆管的室温动态杨氏模量

圆管的室温动态杨氏模量 E_d 计算公式为

$$E_d = 1.606\,7 \times 10^{-9} \frac{l^3 m}{d_1^4 - d_2^4} f_1^2 T_1 \tag{14-9}$$

式中,m 为试样质量;l 为试样长度;d_1 为管外径平均直径;d_2 为管内径平均直径;f_1 为弯振基频共振频率均值;T_1 为修正系数,见表 14-1,对圆杆,$\bar{r}=d/4$;对圆管,$\bar{r}=\sqrt{d_1^2+d_2^2}/4$,$\mu$ 为泊松比。

表 14-1　　　　　　　　弯振基频共振圆杆、圆管的修正系数

$\bar{r}/l$	μ						
	0.15	0.20	0.25	0.30	0.35	0.40	0.45
0.000 0	1.000 0	1.000 0	1.000 0	1.000 0	1.000 0	1.000 0	1.000 0
0.002 5	1.000 5	1.000 5	1.000 5	1.000 5	1.000 5	1.000 5	1.000 5
0.005 0	1.002 0	1.002 1	1.002 1	1.002 1	1.002 1	1.002 1	1.002 2
0.007 5	1.004 6	1.004 6	1.004 7	1.004 7	1.004 8	1.004 8	1.004 9
0.010 0	1.008 1	1.008 2	1.008 3	1.008 4	1.008 5	1.008 6	1.008 7
0.012 5	1.012 7	1.012 8	1.013 0	1.013 1	1.013 3	1.013 4	1.013 6
0.015 0	1.018 3	1.018 5	1.018 7	1.018 9	1.019 1	1.019 3	1.019 5
0.017 5	1.024 9	1.025 2	1.025 5	1.025 7	1.026 0	1.026 3	1.026 6
0.020 0	1.032 5	1.032 9	1.033 2	1.033 6	1.034 0	1.034 4	1.034 7
0.022 5	1.041 1	1.041 6	1.042 1	1.042 6	1.043 0	1.043 5	1.044 0
0.025 0	1.050 7	1.051 3	1.051 9	1.052 5	1.053 1	1.053 7	1.054 3
0.027 5	1.061 4	1.062 1	1.062 8	1.063 6	1.064 3	1.065 0	1.065 7
0.030 0	1.073 1	1.073 9	1.074 8	1.075 6	1.076 5	1.077 3	1.078 2
0.032 5	1.085 7	1.086 8	1.087 8	1.088 8	1.089 8	1.090 8	1.091 7
0.035 0	1.099 4	1.100 6	1.101 8	1.103 0	1.104 1	1.105 3	1.106 4
0.037 5	1.114 2	1.115 5	1.116 9	1.118 2	1.119 5	1.120 8	1.122 1
0.040 0	1.129 9	1.131 4	1.133 0	1.134 5	1.136 0	1.137 5	1.138 9
0.042 5	1.146 6	1.148 4	1.150 1	1.151 8	1.153 5	1.155 2	1.156 9
0.045 0	1.164 4	1.166 4	1.168 3	1.170 2	1.172 1	1.174 0	1.175 9
0.047 5	1.183 2	1.185 4	1.187 5	1.189 6	1.191 7	1.193 9	1.195 9
0.050 0	1.203 0	1.205 4	1.207 8	1.210 1	1.212 5	1.214 8	1.217 1

3. 矩形杆的室温动态杨氏模量

矩形杆的室温动态杨氏模量 E_d 计算公式为

$$E_d = 0.946\ 5 \times 10^{-9} \left(\frac{l}{h}\right)^3 \frac{m}{b} f_1^2 T_1 \tag{14-10}$$

式中，m 为试样质量；l 为试样长度；h 为试样平均厚度；b 为试样平均宽度；f_1 为弯振基频共振频率均值；T_1 为修正系数，见表 14-2。

4. 动态杨氏模量修约到三位有效数字

按标准试样和标准方法测定的动态杨氏模量的精度在 1‰量级。

表 14-2　　　　　　　　　弯振基频共振矩形杆的修正系数

h/l	μ						
	0.15	0.20	0.25	0.30	0.35	0.40	0.45
0.00	1.000 0	1.000 0	1.000 0	1.000 0	1.000 0	1.000 0	1.000 0
0.01	1.000 7	1.000 7	1.000 7	1.000 7	1.000 7	1.000 8	1.000 8
0.02	1.002 7	1.002 8	1.002 8	1.002 9	1.003 0	1.003 1	1.003 2
0.03	1.006 1	1.006 2	1.006 3	1.006 5	1.006 7	1.006 9	1.007 1
0.04	1.010 8	1.011 0	1.011 2	1.011 5	1.011 8	1.012 2	1.012 6
0.05	1.016 9	1.017 2	1.017 5	1.018 0	1.018 5	1.019 0	1.019 6
0.06	1.024 3	1.024 7	1.025 2	1.025 8	1.026 5	1.027 3	1.028 2
0.07	1.033 0	1.033 6	1.034 3	1.035 1	1.036 0	1.037 1	1.038 3
0.08	1.043 0	1.043 7	1.044 6	1.045 7	1.047 0	1.048 4	1.050 0
0.09	1.054 3	1.055 2	1.056 4	1.057 7	1.059 3	1.061 1	1.063 1
0.10	1.066 9	1.068 0	1.069 4	1.071 1	1.073 0	1.075 2	1.077 6
0.11	1.080 7	1.082 1	1.083 8	1.085 8	1.088 1	1.090 7	1.093 6
0.12	1.095 7	1.097 4	1.099 4	1.101 7	1.104 5	1.107 6	1.111 1
0.13	1.112 0	1.113 9	1.116 3	1.119 0	1.122 2	1.125 8	1.129 9
0.14	1.129 5	1.131 7	1.134 4	1.137 6	1.141 2	1.145 4	1.150 1
0.15	1.148 1	1.150 6	1.153 7	1.157 3	1.161 5	1.166 3	1.171 7
0.16	1.167 9	1.170 8	1.174 2	1.178 4	1.183 1	1.188 5	1.194 6
0.17	1.188 9	1.192 1	1.196 0	1.200 6	1.205 9	1.212 0	1.218 8
0.18	1.211 0	1.214 5	1.218 8	1.224 0	1.229 9	1.236 7	1.244 2
0.19	1.234 2	1.238 1	1.242 9	1.248 5	1.255 1	1.262 6	1.271 0
0.20	1.258 4	1.262 7	1.268 0	1.274 3	1.281 5	1.289 8	1.299 0

六、思考讨论题

(1)振动速度对杨氏模量测量结果是否有影响？

(2)外加作用力在固体内的传播速度是多少？

14.4 拓展型教学案例:薄壁管弯扭组合变形主应力及弯矩、扭矩的测定实验

很多实际工程构件会受到两种或两种以上力的作用而产生组合变形。对组合变形构件的应力分析一般采用电阻应变计的组合形式(电阻应变花)来测量。

一、实验目的

(1)学会测定薄壁管在弯扭组合作用下某处的表面主应力,并与理论值进行比较。
(2)学会测定薄壁管在弯扭组合作用下的弯矩和扭矩的大小。
(3)掌握电测法测定平面应力状态下某处的表面主应力大小与方向的原理和方法。
(4)加深理解电阻应变花的理论基础与应用。

二、实验原理

1. 平面应力状态下一点处主应力的大小和方向

实际工程中的构件受力一般是比较复杂的,其主应力的大小和方向往往是未知的,下面介绍如何借助电测法确定主应力的大小和方向。

如图 14-9 所示,某矩形微元体 $OACB$ 在 xOy 平面内发生线应变 ε_x、ε_y 及切应变 γ_{xy}。设与 x 轴成任意角 φ 方向的线应变为 ε_φ。

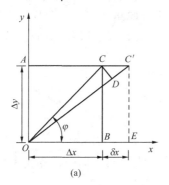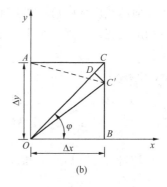

| (a) | (b) |

图 14-9 应变分析

ε_x 对 ε_φ 的贡献 $\varepsilon_{\varphi|x}$ 可推导计算如下:

如图 14-9(a)所示,在 x 方向产生位移增量 δx,则直线 OC 位移至直线 OC'。此时 $\varepsilon_x = \delta x / \Delta x$。过 C 点作直线 CD 与 OC' 垂直。由于矩形微元体的变形很小,所以可近似认为 $\overline{OC} = \overline{OD}$。则

$$\varepsilon_{\varphi|x} = \frac{\overline{OC'} - \overline{OC}}{\overline{OC}} = \frac{\overline{OC'} - \overline{OD}}{\overline{OC}} = \frac{\overline{DC'}}{\overline{OC}} = \frac{\overline{CC'}\cos\varphi}{\frac{\Delta x}{\cos\varphi}} = \frac{\delta x}{\Delta x}\cos^2\varphi = \varepsilon_x\cos^2\varphi \quad (14\text{-}11)$$

同理可得 ε_y 对 ε_φ 的贡献 $\varepsilon_{\varphi|y}$。

$$\varepsilon_{\varphi|y} = \varepsilon_y\sin^2\varphi \quad (14\text{-}12)$$

γ_{xy} 对 ε_φ 的贡献 $\varepsilon_{\varphi|xy}$ 可推导计算如下:

如图 14-9(b)所示，若发生切应变 γ_{xy}，则直线 OC 位移至直线 OC'。此时 $\gamma_{xy}=\overline{CC'}/\Delta x$。过 C' 点作直线 $C'D$ 与 OC 垂直。由于矩形微元体的变形很小，所以可近似认为 $\overline{OC}=\overline{OD}$。则

$$\varepsilon_{\varphi|xy}=\frac{\overline{OC'}-\overline{OC}}{\overline{OC}}=\frac{\overline{OD}-\overline{OC}}{\overline{OC}}=-\frac{\overline{DC}}{\overline{OC}}=-\frac{\overline{CC}\sin\varphi}{\dfrac{\Delta x}{\cos\varphi}}=-\frac{\overline{CC'}}{\Delta x}\sin\varphi\cos\varphi=-\gamma_{xy}\sin\varphi\cos\varphi$$

$$(14\text{-}13)$$

依据叠加原理可得

$$\varepsilon_\varphi=\varepsilon_{\varphi|x}+\varepsilon_{\varphi|y}+\varepsilon_{\varphi|xy}=\varepsilon_x\cos^2\varphi+\varepsilon_y\sin^2\varphi-\gamma_{xy}\sin\varphi\cos\varphi \qquad (14\text{-}14)$$

对上式进行三角函数关系变换可得

$$\varepsilon_\varphi=\frac{\varepsilon_x+\varepsilon_y}{2}+\frac{\varepsilon_x-\varepsilon_y}{2}\cos2\varphi-\frac{\gamma_{xy}}{2}\sin2\varphi \qquad (14\text{-}15)$$

将上式对 φ 取导数并令其等于零，可得到主应变的方向角 φ_0，即

$$\tan2\varphi_0=-\frac{\gamma_{xy}}{\varepsilon_x-\varepsilon_y} \qquad (14\text{-}16)$$

将式(14-16)代入式(14-15)可得

$$\left.\begin{array}{r}\varepsilon_{\max}\\\varepsilon_{\min}\end{array}\right\}=\frac{\varepsilon_x+\varepsilon_y}{2}\pm\frac{1}{2}\sqrt{(\varepsilon_x-\varepsilon_y)^2+\gamma_{xy}^2} \qquad (14\text{-}17)$$

依据式(14-14)可知，若已知三个方向的线应变，可得到一个三元一次方程组，这样就可解出 ε_x、ε_y、γ_{xy}，这时，γ_{xy} 就可以用线应变来表示。也就是说，依据上述公式，只要测出任意三个方向的线应变就可以得到主应变大小和主方向角。

通常借助应变花来实现三个不同方向的线应变的测量。最常用的应变花是直角应变花(三轴 $45°$)。

将 ε_0、ε_{45} 和 ε_{90} 代入(14-15)式，得

$$\begin{cases}\varepsilon_x=\varepsilon_0\\\varepsilon_y=\varepsilon_{90}\\\gamma_{xy}=\varepsilon_0+\varepsilon_{90}-2\varepsilon_{45}\end{cases} \qquad (14\text{-}18)$$

将式(14-18)代入式(14-16)和式(14-17)得主应变大小与方向的计算式为

$$\left.\begin{array}{r}\varepsilon_1\\\varepsilon_2\end{array}\right\}=\frac{\varepsilon_0+\varepsilon_{90}}{2}\pm\sqrt{\frac{(\varepsilon_0-\varepsilon_{45})^2+(\varepsilon_{45}-\varepsilon_{90})^2}{2}} \qquad (14\text{-}19)$$

$$\tan2\varphi_0=\frac{(\varepsilon_{45}-\varepsilon_{90})-(\varepsilon_0-\varepsilon_{45})}{(\varepsilon_{45}-\varepsilon_{90})+(\varepsilon_0-\varepsilon_{45})}=\frac{2\varepsilon_{45}-\varepsilon_0-\varepsilon_{90}}{\varepsilon_0-\varepsilon_{90}} \qquad (14\text{-}20)$$

根据广义胡克定律可得主应力计算式为

$$\begin{cases}\sigma_1=\dfrac{E}{1-\mu^2}(\varepsilon_1+\mu\varepsilon_2)\\[2mm]\sigma_2=\dfrac{E}{1-\mu^2}(\varepsilon_2+\mu\varepsilon_1)\end{cases}$$

2. 弯扭组合变形时的主应力与主方向计算分析

薄壁管弯扭组合变形实验装置如图 14-10 所示。四处测量位置均匀分布，分别是 A、B、C、D 点，其中 B 点位于最顶点，D 点位于最低点，A、C 位于弯曲中性层位置。

取 B 点进行应力分析,则如图 14-11 所示。主应力大小及方向的计算公式为

$$\left.\begin{array}{c}\sigma_{\max}\\ \sigma_{\min}\end{array}\right\}=\frac{\sigma}{2}\pm\sqrt{\left(\frac{\sigma}{2}\right)^2+\tau^2} \tag{14-21}$$

$$\tan 2\varphi_0=-\frac{2\tau}{\sigma}=-\frac{T}{M} \tag{14-22}$$

式中,弯曲正应力 $\sigma=\dfrac{M}{W_z}$;扭转切应力 $\tau=\dfrac{T}{W_t}$;T 为扭矩;M 为弯矩;W_z 为抗弯截面系数;W_t 为抗扭截面系数。

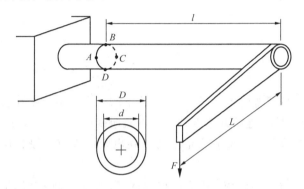

图 14-10 薄壁管弯扭组合变形实验装置   图 14-11 B 处应力分析

3. 弯矩、扭矩引起的应力的测定

测定弯矩引起的正应力时,选取弯曲正应力最大的两个点 B、D 来测量,这两点的弯曲正应力正好数值相等且符号相反。将 B、D 两点的直角应变花中的 $45°$ 方向应变计分别接到电阻应变仪的惠斯通电桥的相邻桥臂上,组成半桥测量方式。若测得的应变读数为 ε_{dM},则

$$\varepsilon_{dM}=\varepsilon_{B45}-\varepsilon_{D45}=2\varepsilon_M \tag{14-23}$$

式中,ε_{B45} 为 B 点直角应变花中的 $45°$ 方向应变计的线应变;ε_{D45} 为 D 点直角应变花中的 $45°$ 方向应变计的线应变;ε_M 为弯曲正应变。

依据胡克定律可得弯矩引起的正应力 σ_M 为

$$\sigma_M=E\varepsilon_M \tag{14-24}$$

式中,E 为杨氏模量。

测定扭矩引起的切应力时,选取位于弯曲中性轴上的 A、C 两点测量,这两点处于纯剪切状态,其直角应变花的 0 方向应变计和 $90°$ 方向应变计都沿着主应力方向,且数值相等符号相反。此时,可选取一个测点的 0 方向应变计和 $90°$ 方向应变计组成半桥测量方式测量,也可同时选取两个测点的 0 方向应变计和 $90°$ 方向应变计组成全桥测量方式测量。

若采用全桥连接方式,电阻应变仪读数为 ε_{dT},则扭转引起的主应变 $\varepsilon_T=\varepsilon_{dT}/4$。根据广义胡克定律可得

$$\varepsilon_T=\frac{1}{E}(\sigma_1-\mu\sigma_3)=\frac{1}{E}[\tau_T-\mu(-\tau_T)]=\frac{(1+\mu)}{E}\tau_T \tag{14-25}$$

即

$$\tau_T = \frac{E}{(1+\mu)}\varepsilon_T = \frac{E}{4(1+\mu)}\varepsilon_{dT} \tag{14-26}$$

三、实验仪器设备

(1)在 $WN-05$ 弯扭组合实验装置中(图 14-10), $d=34$ mm, $D=40$ mm, $l=300$ mm, $L=200$ mm。薄壁管材料为铝合金,弹性模量 $E=70$ GPa,泊松比 $\mu=0.33$。共设置了 A、B、C、D 四个测点,每个测点布置一直角应变花,其中 $45°$ 方向电阻应变计沿着薄壁管轴线布置。

(2)静态电阻应变仪。

四、实验程序

(一)表面主应变的测量

(1)选择四分之一桥接线方式。将薄壁管上 B、D 点应变化中的三个电阻应变计引出线分别接在电阻应变仪的接线柱上。同时连接好温度补偿用电阻应变计。

(2)打开程控静态电阻应变仪及弯扭组合装置上的电源。在电阻应变仪上设置灵敏系数、电阻应变计的电阻值等参数。

(3)观察应变仪是否有稳定读数,若读数稳定,则表明接线良好,电阻应变计和测量仪器工作正常。对各测点路桥进行平衡、清零。

(4)平稳加载至 0.1 kN,读取并记录各测点的应变值。注意应变读数的正负号,正号为拉应变,负号为压应变。将数据记录到表 14-3 中。

(5)逐级加载,0.1 kN 为间隔,直至加载到 0.4 kN 为止,记录每级荷载下各测点的应变值。

(6)重复加载两遍。

(7)测量完毕,关闭电源,清理现场。

(二)弯曲正应变的测量

(1)选择半桥接线方式。将薄壁管上 B、D 点应变花中 $45°$ 方向电阻应变计按照半桥自动补偿方式接入电阻应变仪。

(2)打开程控静态电阻应变仪及弯扭组合装置上的电源。在电阻应变仪上设置灵敏系数、电阻应变计的电阻值等参数。

(3)观察应变仪是否有稳定读数,若读数稳定,则表明接线良好,电阻应变计和测量仪器工作正常。对各测点路桥进行平衡、清零。

(4)平稳加载至 0.1 kN,读取并记录各测点的应变值。注意应变读数的正负号,正号为拉应变,负号为压应变。

(5)逐级加载,间隔为 0.1 kN,直至加载到 0.4 kN 为止,记录每级荷载下各测点的应变值。记录的应变值即为弯曲正应变的 2 倍。将数据记录到表 14-3 中。

(6)重复加载两遍。

(7)测量完毕,关闭电源,清理现场。

弯曲正应变测量半桥接线法如图 14-12 所示。

（三）扭转引起的正应变测量

（1）选择全桥接线方式。将薄壁管上 A、C 点应变花中 $0°$ 方向和 $90°$ 方向电阻应变计按照全桥方式接入电阻应变仪。

（2）打开程控静态电阻应变仪及弯扭组合装置上的电源。在电阻应变仪上设置灵敏系数、电阻应变计的电阻值等参数。

（3）观察应变仪是否有稳定读数，若读数稳定，则表明接线良好，电阻应变计和测量仪器工作正常。对各测点路桥进行平衡、清零。

（4）平稳加载至 $0.1\ kN$，读取并记录各测点的应变值。注意应变读数的正负号，正号为拉应变，负号为压应变。

（5）逐级加载，间隔为 $0.1\ kN$，直至加载到 $0.4\ kN$ 为止，记录每级荷载下各测点的应变值。记录的应变值即为扭转引起正应变的 4 倍。将数据记录到表 14-3 中。

（6）重复加载两遍。

（7）测量完毕，关闭电源，清理现场。

扭转引起的正应变测量全桥接线法如图 14-13 所示。

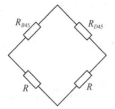 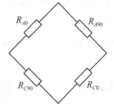

图 14-12　弯曲正应变测量半桥接线法　　　图 14-13　扭转引起的正应变测量全桥接线法

表 14-3　　　　　　　　　　　　　　　数据记录表　　　　　　　　　　　　　应变单位：$\mu\varepsilon$

$D=$ _____；$t=$ _____；$L=$ _____；$l=$ _____；$E=$ _____；$\mu=$ _____

编号		B			D			弯矩 M	扭矩 T
电阻应变计		0	45°	90°	0	45°	90°		
接线编号		1	2	3	4	5	6	7	8
次数	F(kN)	读 差	读 差	读 差	读 差	读 差	读 差	读　　差	读　　差
1	0.1								
	0.2								
	0.3								
	0.4								
	平均								
2	0.1								
	0.2								
	0.3								
	0.4								
	平均								
总平均									

五、实验数据处理

(一)理论值计算

(1)计算测点所在截面位置弯矩 M 和扭矩 T。

(2)计算应力 σ 及 τ,要注意正负。

(3)计算主应力大小及方向。

(二)实验值计算

(1)根据实验数据 $\bar{\varepsilon}_0$,$\bar{\varepsilon}_{45}$,$\bar{\varepsilon}_{90}$,求出主应变大小和方向。

(2)由主应变求出主应力大小及方向,并与理论值进行比较。

(3)画出测点的单元体图,注意理论计算的 $0°$ 取向要与实验时的 $0°$ 取向相吻合。

(4)根据不同组桥方式测出的应变,计算出弯矩和扭矩,并与理论值进行比较,分析相对误差。

六、思考讨论题

(1)若测点 A 的位置靠近固定端会出现什么问题?

(2)分析形成误差的主要因素?

(3)考虑横力弯曲对剪力的影响,本实验薄壁管截面哪一点的剪应力最大? 为什么?

14.5 工程型教学案例:梁与拱的实验

梁的特征:承受的外力以横向力为主,变形以弯曲为主。梁为抗弯结构。

拱的特征:承受的外力以轴向力为主,主要由两端拱脚推力维持平衡的曲线或折线形构件。应力比较均匀地分布通体,拱为推力结构。

拱结构一般由支座及拱圈组成。支座要承受垂直力、水平推力及弯矩等;拱圈主要承受轴向压力,比同跨度梁的弯矩和剪力要小,因此可以节省材料、提升刚度、增大跨度。拱结构适合于用砖石、混凝土等抗压强度高而抗拉强度低的廉价脆性材料来制作。拱结构广泛用于屋盖、吊车梁、桥梁等承重结构。

一、实验目的

(1)了解边界约束条件对构件承载能力的影响。

(2)掌握拱结构的应力分布。

(3)掌握拱结构与梁结构的区别。

(4)了解静定结构和超静定结构的区别。

(5)了解负弯矩的概念及其作用。

(6)验证功的互等定理。

二、实验装置

梁与拱的实验装置如图 14-14 所示。

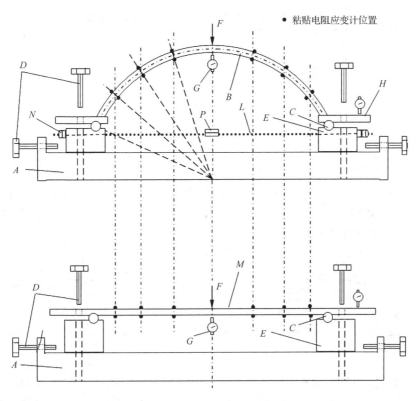

图 14-14 梁与拱的实验装置

A 为实验台,实验台开有螺栓孔用于竖向螺栓和水平螺栓 D 的旋合紧固;拱 B 的截面形式为扁平状矩形,拱 B 的两端固接水平放置的钢板 H,钢板 H 下方为圆柱形辊轴 C;钢板 H 上方装一百分表,该百分表用于测定拱脚处旋转的角度;钢板 H 上开有圆孔用于穿竖向螺栓 D;圆柱形辊轴 C 下方为长方体垫块 E,垫块 E 放置在实验台 A 上;垫块 E 上开设竖向圆孔用于穿竖向螺栓 D,开设水平圆孔用于穿水平拉索 L;水平拉索两端为固定调节装置 N,用于调节拉索 L 的索力大小,索力大小可通过拉索上的传感器 P 测定;拱 B 跨中的上表面施加竖向力 F,跨中下表面安装百分表 G,用于测定跨中处的竖向变形;在拱 B 的八等分点处的上下表面沿着跨度方向粘贴电阻应变计。

梁 M 的截面形式为扁平状矩形,截面尺寸与拱结构相同;同样,在梁 M 跨中上表面施加竖向作用力 F,跨中下表面设置百分表 G,分别在与拱 B 相同位置的梁 M 上下表面沿跨度方向粘贴电阻应变计。

拱与梁均采用弹簧钢制作。

三、拱结构理论分析

简支梁三点弯曲的计算分析在材料力学理论课中有详细介绍。

二铰等截面圆形拱的计算简图如图 14-15 所示。拱的跨度为 l,矢高为 f。支座 1 处水平支座反力为 H_1,竖向支座反力为 V_1;支座 2 处水平支座反力为 H_2,竖向支座反力为 V_2;拱顶 3 处剪力为 V_3,轴向力为 H_3,弯矩为 M_3。支座反力及拱顶剪力、弯矩计算见表 14-4。

表 14-4　　　　　二铰等截面圆形拱支座反力及拱顶剪力、弯矩计算

参数	f/l					乘数
	0.1	0.2	0.3	0.4	0.5	
V_1	0.500 00	0.500 00	0.500 00	0.500 00	0.500 00	F
H_1	1.937 00	0.944 39	0.604 12	0.427 96	0.318 31	F
M_3	0.056 30	0.061 12	0.068 76	0.078 82	0.090 85	Fl
备注	$V_1=V_2=V_3$　　$H_1=H_2=H_3$					

　　无铰等截面圆形拱的计算简图如图 14-16 所示。拱的跨度为 l,矢高为 f。支座 1 处水平支座反力为 H_1,竖向支座反力为 V_1,弯矩为 M_1;支座 2 处水平支座反力为 H_2,竖向支座反力为 V_2,弯矩为 M_2;拱顶 3 处剪力为 V_3,轴向力为 H_3,弯矩为 M_3。支座反力、弯矩及拱顶剪力、弯矩计算见表 14-5。

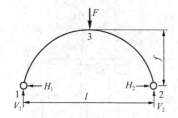

图 14-15　二铰等截面圆形拱计算简图

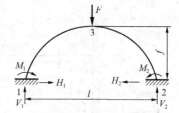

图 14-16　无铰等截面圆形拱计算简图

表 14-5　　　　　无铰等截面圆形拱支座反力、弯矩及拱顶剪力、弯矩计算

参数	f/l					乘数
	0.1	0.2	0.3	0.4	0.5	
V_1	0.500 00	0.500 00	0.500 00	0.500 00	0.500 00	F
H_1	2.346 06	1.167 74	0.774 02	0.576 89	0.455 12	F
M_1	0.032 49	0.035 26	0.040 14	0.046 63	0.053 26	Fl
M_3	0.047 89	0.051 71	0.057 93	0.065 87	0.075 70	Fl
备注	$V_1=V_2=V_3$　　$H_1=H_2=H_3$　　$M_1=M_2$					

四、实验内容

1. 二铰拱与无铰拱

　　设定拱轴线曲率半径为 300 mm,截面尺寸为 20 mm×6 mm,矢高与跨度之比为 0.3。

　　工况一

　　二铰拱:调整水平螺栓 D 顶紧垫块 E,去掉竖向螺栓 D,拱 B 端板 H 底部安装辊轴 C。

　　无铰拱:去掉辊轴 C,用竖向螺栓 D 将端板 H 和垫块 E 固定在实验台 A 上,调整水平螺栓 D 顶紧垫块 E。

　　在拱 B 跨中顶面施加竖向力 F,分别测量各电阻应变计的应变值,同时用百分表测

出拱 B 的跨中挠度和拱脚处的转角。利用拱脚处百分表读数除以百分表指针到辊轴的水平距离即可得到拱脚处的转角。

对两种约束情况的测量结果进行对比,分析产生原因。

工况二

对二铰拱,预加初始竖向力 F,读取各电阻应变计的应变值,绘出不同位置应变随着轴线位置变化的规律;调节拉索 L 的调整装置 N,则拉索 L 的拉力值会通过传感器 P 显示出来,设定不同的 P 值,绘出拉索拉力与各应变之间的变化关系。

工况三

调整水平螺栓 D 顶紧垫块 E,去掉辊轴 C,去掉竖向螺栓 D。

在拱 B 跨中顶面施加竖向力 F,分别测量各电阻应变计的应变值,同时用百分表测出拱 B 的跨中挠度和拱脚处的转角。将测量结果与工况一比较。

2. 简支梁与两端固定约束梁

工况一

简支梁:调整水平螺栓 D 顶紧垫块 E,去掉竖向螺栓 D,梁 M 两端底部安装辊轴 C。

固定约束梁:去掉辊轴 C,用竖向螺栓 D 将梁 M 和垫块 E 固定在实验台 A 上,调整水平螺栓 D 顶紧垫块 E。

在梁 M 跨中顶面施加竖向力 F,分别测量各电阻应变计的应变值,同时用百分表测出梁 M 的跨中挠度和梁端处的转角。对两种约束情况的测量结果进行对比,分析产生原因。

工况二

施加相同的竖向力,对比二铰拱、无铰拱、简支梁、固定约束梁的应力分布,说明在跨中集中力作用下哪种结构形式受力更合理。

3. 绘制弯矩图

根据测量结果,画图说明是否存在负弯矩?什么情况下会有负弯矩?

4. 功的互等定理验证

在图 14-14 中,对简支梁,分别在四分之一跨处底面和四分之三跨处底面设置百分表,测量其挠度。当在四分之一跨处施加竖向力时,记录四分之三跨处挠度;当在四分之三跨处施加竖向力时,记录四分之一跨处挠度。验证是否成立。

五、思考讨论题

(1)举例说明拱在工程中的应用。

(2)梁与拱的区别在哪儿?

(3)举例说明负弯矩在工程中的应用。

(4)若已测出二铰拱某一位置上下表面沿跨度方向的应变,如何确定该处位置的轴力和弯矩?

第15章

设计研究创新型实验

15.1 实验设计的一般原则

实验设计要遵循一些基本的原则。具体体现在：

一、实验目的要明确

按照实验目的划分，实验分为验证性实验、探索性实验和校准检定性实验三大类。

验证性实验：实验结果一般是已知的，通过实验来验证某一理论、方法或仪器的正确性。

探索性实验：实验结果一般是未知的，通过实验得到确切的实验结果，来探索某些未知的现象或领域、纠正理论或设计中的错误或者研究某些方案的可行性等。由于实际工程问题的复杂性，探索性实验是确保工程可靠性的有效手段。

校准检定性实验：实验目标一般是已知的，要通过实验来确认实验结果是否符合预定目标要求。一般的仪器检定或校准都属于校准检定性实验。

二、实验手段要可行

只有在实验手段允许的范围内才能进行实验。实验手段包括实验对象、仪器、技术配置、实验人员、经费、实验时间等。

实验设计要尽量选择实验室所具有的设备；根据使用频率和规格型号来决定租借设备还是增购设备；根据实验的专业性决定自行研制设备还是委托研制设备；根据专业知识决定是培训实验人员还是引进实验人员。

三、实验技术要先进

在预算经费允许的情况下，要尽量选用先进的技术。实验技术的先进性包括仪器设备的先进性、实验方法的先进性和实验数据处理方式的先进性等。

四、实验流程要规范

为确保实验结果具有可比性，已经制定了一系列实验标准与规范。

有标准规范时要首先使用标准规范,按标准规范进行实验。无相关标准时要设计合理的实验流程。若需多次反复实验,要建立临时性实验标准规范。

当然,多数实验标准或规范并非针对单一实验建立的。因此,在使用标准规范过程中,要根据具体情况进行细节设计。

若多种标准规范同时适用,要合理选择。例如,企业标准一般高于国家标准,在企业一般要执行企业标准;国际合作一般执行各方均认可的国际标准。

五、实验方案要经济

实验的经济性要考虑设备费用、人员费用等。一般而言,去专业实验室做实验比较经济,必要时才建实验室。

六、实验设计要以理论分析为指导

实验设计的技术路线及实施细则要以理论分析为指导。要使得设计的实验符合已知相关理论,同时要依据理论知识简化实验程序来提高效率和精度。

七、实验准备要充分

对实验对象,若有标准规范,要尽量按照标准规范准备。若无标准规范,要根据试样的材料、几何尺寸、夹持方式、加工方式等准备。

对实验仪器,根据实验准确度选择合理准确度的仪器设备,同时要进行检定或校准。

八、实验监控要连续

实验监控要不间断,发现异常要及时干预。

九、实验报告要完整

实验报告一般包括:实验名称、实验地点、时间、人员、实验条件、实验目的、实验原理、实验设备、试样编号、实验方法、实验数据、实验分析依据、数据整理与数据变换、误差分析、实验结论等。

对于有常规标准的实验,可以省略实验原理和实验方法。

15.2　设计型教学案例:基于受迫振动理论的减振设计实验

振动问题和人们的日常生活是息息相关的。有些振动对人们的生活是不利的,甚至威胁到生命的安全。例如,汽车的颠簸会让人感觉不舒服、地震会导致严重的生命财产损失等。对于有害的振动问题就需要采取措施进行减振。

一、工程中利用受迫振动理论进行吸振或减振的方法

主要有如下几类:

(1)消除振源:干扰力的存在导致受迫振动,消除振动的根本办法是消除干扰力的来源。

（2）避开共振区：使系统的固有频率远离干扰力的频率，确保系统不在共振区内工作。方法有两类，一是改变外界干扰频率，二是改变系统自身的共振频率。

（3）增大阻尼：阻尼对受迫振动的振幅值有抑制作用，在共振区内，阻尼明显使振幅值下降。

（4）动力吸振器：利用两个自由度系统受迫振动的原理，使某个附属系统产生振动，以减轻主要设备的振动。

二、实验室提供的仪器设备

质量块（不同质量、不同形状，用于模拟实际工程构件）、振动台（用于模拟实际工程环境）、激振器、速度传感器、动态采集分析系统、阻尼器、动力吸振器（单式、复式、多式等）。

三、实验设计目的

（1）选择一基本系统为研究对象，让其产生振动，有一定振幅。
（2）利用选择的减振方法去改变条件，让原本振动的系统振幅显著降下来。
（3）可以选择不同的方案进行对比，看看哪种方案减振效果好。

四、实验论文格式要求

（1）研究背景或工程背景
（2）基本理论及其研究现状
（3）采取的减振方法及减振措施
（4）实验设计内容及其实现过程与分析
（5）结论与讨论
（6）参考文献

15.3 设计型教学案例：应变式力传感器设计实验

力传感器在工程和日常生活中应用很多。例如，人们在市场上买商品常用的电子秤用到的就是力传感器。图 15-1 为部分力传感器的图片。

图 15-1 部分力传感器

力传感器分为拉压式、弯曲式和剪切式等。其原理在前面章节（电测法基本原理）中已经介绍过，这里不再重复。

一、实验室提供的仪器设备及工具

电阻应变计、电阻应变仪、电烙铁、万用表、焊锡、焊油、502胶水、无水乙醇、脱脂棉球、接线板、剪刀、钳子、螺丝刀、扳手、导线、游标卡尺、空心圆柱件、板孔件、双孔平行梁件、电子万能试验机等。

二、实验设计目的

(1)选择一基本件为对象,制作一应变式力传感器。
(2)将力传感器放置到万能试验机上校准。
(3)本节内容是对前面学习内容的综合应用。考察对前面内容的理解掌握情况。

三、实验论文格式要求

(1)方案选择,举例说明其工程应用。
(2)选择方案的原理。
(3)设计与制作流程。
(4)作品提交与校准。
(5)讨论。

15.4 设计型教学案例:开口薄壁构件应力与弯曲中心测定设计实验

薄壁杆件是指横截面上壁厚较薄的杆件,其杆件长度 L、横截面最大尺寸 D、壁厚 t,一般满足 $L \geqslant 10D \geqslant 100t$。

薄壁杆件按壁厚中心线是否封闭分为开口和闭口两类。

以槽型薄壁截面梁为例。当横力作用平面平行于形心主惯性平面且通过截面内某一特定点 A 时,薄壁截面梁只发生弯曲而不发生扭转,则 A 点为弯曲中心,如图 15-2(a)所示。弯曲中心也称为剪力中心或扭转中心。若横力没有作用于弯曲中心,薄壁截面梁在发生弯曲的同时,还将发生扭转,如图 15-2(b)所示。

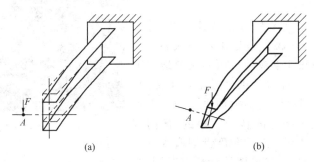

(a)　　　　　　　　　　(b)

图 15-2 开口薄壁构件受到横力作用变形情况

常用开口薄壁截面弯曲中心的位置一般按以下规律确定:
(1)若截面只有一对称轴,弯曲中心 A 必定在截面对称轴上,如图 15-3 中(a)、(b)

所示。

(2)若截面有两相互正交对称轴,则两对称轴交点就是弯曲中心 A,如图 15-3(c)所示。

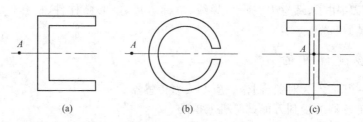

图 15-3 单对称轴和双对称轴截面弯曲中心

(3)若截面由两狭长矩形组成,则弯曲中心 A 在两狭长矩形中心线交点处。如图 15-4 所示。

(4)若截面没有对称轴,弯曲中心确定步骤如下:

(a)确定形心主轴。

(b)假设横力作用线平行于某一形心主轴,使薄壁杆件产生平面弯曲,求出截面上弯曲剪应力合力作用线的位置。

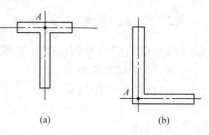

图 15-4 T 型和 L 型截面弯曲中心

(c)假设横力作用线平行于另外一形心主轴,使薄壁杆件产生平面弯曲,求出截面上剪应力合力作用线的位置。

(d)两合力作用线的交点为弯曲中心。

(5)截面弯曲中心的位置只取决于截面的形状和尺寸,与杆件材料及所受载荷无关。

一、实验室提供的仪器设备及工具

电阻应变计、电阻应变仪、电烙铁、焊锡、焊油、502 胶水、万用表、无水乙醇、脱脂棉球、接线板、剪刀、钳子、剥皮钳、螺丝刀、导线、游标卡尺、开口薄壁梁、加载实验装置(图 15-5)等。

实验装置主要由四部分组成:台座、开口薄壁梁、固定座和加载装置。

台座有四个水平调节螺母。测量前,应首先调节水平调节螺母,确保台座处于水平状态。开口薄壁梁一端依靠螺栓盖板的挤压而紧紧地固定在固定座上,固定座可在台座的轨道上水平滑动,滑动方向处于开口薄壁梁的横截面平面内。水平滑动是通过横向调节手轮的转动完成的,横向调节手轮的转动可通过其上面的刻度盘读取水平调节的距离。进行测试时,应采用锁紧螺钉对固定座进行固定,防止测试过程中出现水平滑动。

图 15-5 实验装置

加载装置固定在台座上。转动加载手轮可驱动蜗轮蜗杆减速器系统,进而带动压头对开口薄壁梁的悬臂端施加竖向作用力。在压头上部连接一测力传感器,力传感器测得的力值大小通过力值显示器显示。

二、实验设计目的

（1）选择一个薄壁梁为研究对象，用实验方法测定其弯曲中心。

（2）横力作用在弯曲中心时，测定上下翼缘板的弯曲正应力、腹板中部的弯曲切应力。

（3）若截面形心与弯曲中心不重合，横力通过截面形心时，测定上下翼缘板和腹板的扭转切应力。

三、实验论文格式要求

（1）方案设计。

（2）选择方案的原理。

（3）设计与制作流程。

（4）讨论。

15.5　设计型教学案例：验证材料弹性常数关系的设计实验

对各向同性材料，有三个弹性常数：弹性模量 E、剪切模量 G 和泊松比 μ。且其满足如下关系：

$$2G = E/(1+\mu) \tag{15-1}$$

其证明过程如下：

对于承受纯剪切的单元体，其单位体积内的剪切应变能 ν_ε（应变能密度）为切应力 τ 与切应变 γ 关系曲线（$\tau-\gamma$ 曲线）下的面积。在切应力小于剪切比例极限的情况下，τ 与 γ 的关系曲线为一条倾斜的直线，此时根据三角形面积计算公式可得

$$\nu_\varepsilon = \tau\gamma/2 \tag{15-2}$$

由剪切胡克定律可知

$$\tau = G\gamma \tag{15-3}$$

所以有

$$\nu_\varepsilon = \tau\gamma/2 = \tau^2/(2G) \tag{15-4}$$

单轴拉伸或压缩时，对于线弹性材料，在弹性比例极限范围内，应力 σ 与应变 ε 的关系是线性的。利用应变能与外力做功在数值上相等的关系可得应变能密度 ν_ε 的计算公式为

$$\nu_\varepsilon = \sigma\varepsilon/2 \tag{15-5}$$

在三向应力状态下，弹性体应变能与外力做功在数值上也是相等的，且其只取决于外力与变形的最终值，而与加力次序无关。在线弹性情况下，每一主应力（σ_1、σ_2、σ_3）与相应的主应变（ε_1、ε_2、ε_3）之间保持线性关系，因此与每一主应力相应的应变能密度可按式（15-5）计算。于是三向应力状态下的应变能密度为

$$\nu_\varepsilon = \sigma_1\varepsilon_1/2 + \sigma_2\varepsilon_2/2 + \sigma_3\varepsilon_3/2 \tag{15-6}$$

根据广义胡克定律，有

$$\varepsilon_1 = [\sigma_1 - \mu(\sigma_2+\sigma_3)]/E \tag{15-7}$$

$$\varepsilon_2 = [\sigma_2 - \mu(\sigma_1+\sigma_3)]/E \tag{15-8}$$

$$\varepsilon_3 = [\sigma_3 - \mu(\sigma_2 + \sigma_1)]/E \tag{15-9}$$

把式(15-7)、(15-8)、(15-9)代入式(15-5)可得

$$\nu_\varepsilon = [\sigma_1\sigma_1 + \sigma_2\sigma_2 + \sigma_3\sigma_3 - 2\mu(\sigma_1\sigma_2 + \sigma_2\sigma_3 + \sigma_3\sigma_1)]/2E \tag{15-10}$$

由应力状态分析可知,纯剪切时的主应力为

$$\sigma_1 = \tau; \sigma_2 = 0; \sigma_3 = -\tau \tag{15-11}$$

把式(15-11)代入式(15-10)可得

$$\nu_\varepsilon = \tau^2(1+\mu)/E \tag{15-12}$$

比较(15-4)和式(15-12)可得式(15-1)。

一、实验室提供的仪器设备及工具

电阻应变计、电阻应变仪、电烙铁、焊锡、焊油、502胶水、万用表、无水乙醇、脱脂棉球、接线板、剪刀、钳子、螺丝刀、扳手、导线、游标卡尺、弯扭组合实验装置等。

二、实验设计目的

(1)用尽可能简单的实验方案,分别测出弹性模量、剪切模量和泊松比,并用测量结果验证它们之间的关系是否满足式(15-1)。
(2)掌握采用不同路桥连接方式来获得所需指标。
(3)熟悉采用电阻应变花测定剪应变。

三、实验论文格式要求

(1)方案设计。
(2)选择方案的原理。
(3)设计与制作流程。
(4)作品提交。
(5)讨论。

15.6 研究型教学案例:基于数字散斑相关技术与红外热成像技术的测量实验

多年来,在材料力学实验中一直是采用在试样上粘贴电阻应变计的方法或在试样上捆绑引伸计的方法测量试样的变形。这两种方法的共同点都是接触测量。

采用电阻应变计测量应变的方法虽然精度高,但它主要适用于测量微小应变,测量范围小,不能测大变形,且要求构件应力集中程度不能太高。而且电阻应变计需要在实验前提前粘贴,对试样的材料和表面特性都有一定要求。

引伸计的变形测量范围大部分在20%以内,不能全程测量一般塑性材料试样拉伸过程的整个变形。同样,引伸计只适用于标准试样且对试样尺寸有要求,不能过宽,材料也不能是脆性的。引伸计锋利的刀口会在样品表面形成裂纹,可能会导致试样提前断裂。

对于大变形的全程精确测量,适宜采用非接触式的测量方法。

目前,科学研究与实际工程中常用的非接触式测量技术有数字散斑相关法、红外热成像法等。

1. 采用数字散斑相关方法测量变形和位移

数字散斑相关方法是近二十年来发展起来的一种非接触式全场光学测量方法。数字散斑相关方法是根据物体表面随机分布的散斑场在变形前后的统计相关性来确定物体的变形。把双目立体视觉原理引入到数字散斑相关方法中,测得物体表面的三维形貌以及三维变形的方法就是三维数字散斑相关方法。这种方法的特点是:非接触式,全场测量,二维和三维测量,视频引伸计模式,高精度,适用于多种材料及形状,适合各种尺寸待测物体,微小应变到大应变,高温测试,高速测试。可以进行材料性能测试包括:复合材料性能测试、金属材料性能测试、新型柔性材料性能测试、聚合物材料性能测试及各种结构变形测试。

2. 红外热成像仪测量应力及监测应力集中区裂纹扩展

红外热成像是通过非接触探测红外热量,将其转换生成热图像和温度值的一项技术。研究表明,红外热成像仪能够将探测到的热量精确量化,能够对发热的故障区域进行准确识别和严格分析。由于红外热成像技术能够进行非接触式的、高分辨率的温度成像,可提供测量目标的众多信息,弥补了人类肉眼的不足,因此已经在诸多行业得到了广泛的应用。加载过程中可跟踪观察产生应力集中部位的温度变化情况。

一、实验目的

(1)熟悉数字散斑相关测量技术。
(2)熟悉红外热成像测量技术。

二、实验室提供的仪器设备

三维应变光学测量系统、游标卡尺、电子万能试验机、FLIR 红外热成像仪、离子溅射仪等。

三、实验内容

(1)拉伸全程应力－应变曲线测定实验
(2)各类材料三维应变场分析测试实验
(3)复合材料各向异性力学特性研究分析实验
(4)应力集中研究分析实验
(5)大挠度压杆稳定实验
(6)疲劳裂纹扩展分析研究实验

四、报告提交内容要求

(1)实验目的。
(2)实验原理。
(3)实验仪器设备。
(4)实验程序。
(5)实验数据处理。
(6)结论与讨论。

参 考 文 献

[1] GB/T 3102.3—1993 力学的量和单位.

[2] GB/T 8170—2008 数值修约规则与极限数值的表示和判定.

[3] GB/T 10623—2008 金属材料 力学性能试验术语.

[4] GB/T 13992—2010 金属粘贴式电阻应变计.

[5] GB/T 228.1—2010 金属材料 拉伸试验 第1部分:室温试验方法.

[6] GB/T 22315—2008 金属材料 弹性模量和泊松比试验方法.

[7] GB/T 10120—2013 金属材料 拉伸应力松弛试验方法.

[8] GB/T 2039—2012 金属材料 单轴拉伸蠕变试验方法.

[9] GB/T 5028—2008 金属材料 薄板和薄带 拉伸应变硬化指数(n值)的测定.

[10] GB/T 7314—2017 金属材料 室温压缩试验方法.

[11] GB/T 10128—2007 金属材料 室温扭转试验方法.

[12] GB 50205—2020 钢结构工程施工质量验收标准.

[13] YB/T 5349—2014 金属材料 弯曲力学性能试验方法.

[14] JGJ/T249—2011 拱形钢结构技术规程.

[15] GB/T 229—2014 金属材料 夏比摆锤冲击试验方法.

[16] GB/T 21143—2014 金属材料 准静态断裂韧度的统一试验方法.

[17] GB/T 3075—2008 金属材料 疲劳试验 轴向力控制方法.

[18] GB/T 24176—2009 金属材料 疲劳试验 数据统计方案与分析方法.

[19] GB/T 16826—2008 电液伺服万能试验机.

[20] GB/T 3159—2008 液压式万能试验机.

[21] GB/T 2611—2007 试验机通用技术要求.

[22] JB/T 9370—2015 扭转试验机 技术条件.

[23] GB/T 12444—2006 金属材料 磨损试验方法试环—试块滑动磨损试验.

[24] 中国计量测试学会.二级注册计量师基础知识及专业实务[M].北京:中国质检出版社,2013.

[25] 王文健等. 试验数据分析处理与软件应用[M].北京:电子工业出版社,2008:82—310.

[26] 李洪升. 基础力学实验[M]. 大连:大连理工大学出版社,2000.

[27] 刘维波,张小鹏. 基础力学实验[M]. 大连:大连理工大学出版社,2011.

[28] 刘鸿文. 材料力学[M]. 北京:高等教育出版社,2011.

[29] 王守新. 材料力学[M]. 大连:大连理工大学出版社,2005.

[30] 李心宏等. 理论力学[M]. 大连:大连理工大学出版社,2006.

[31] 机械工业理化检验人员技术培训和资格鉴定委员会. 金属材料力学性能试验[M]. 北京:科学普及出版社,2014.

［32］凌树森.金属材料力学性能试验[J].理化检验－物理分册,1994,30(1):55－58.

［33］凌树森.金属材料力学性能试验[J].理化检验－物理分册,1994,30(3):60－63.

［34］高怡斐等.GB/T 228.1－2010《金属材料　拉伸试验　第 1 部分:室温试验方法》实施指南[M].北京:中国标准出版社,2012.

［35］刘启元.疲劳试验机的发展[J].试验技术与试验机,1981,(1):61－71.

［36］米亦农.国外高频疲劳试验机的发展状况[J].材料试验机,1980,(3):1－13.

［37］胡国华等.引伸计的过去和现在[J].理化检验－物理分册,2011,47(2):67－71.

［38］庄表中.工程力学的应用、演示和实验[M].北京:高等教育出版社,2015.

［39］范钦珊.工程力学实验[M].北京:高等教育出版社,2006.

附　录

首届全国大学生基础力学实验设计大赛试题

一、填空题(每空 2 分,共 20 分)

1. 在低碳钢拉伸实验中,若断口到最近的标距端点的距离小于 $L_0/3$ 时,由于夹持部分的影响,致使断后伸长率 A _____,因此必须采用_____确定断后长度 L_u。

2. 电阻应变计的物理意义是_____所引起的_____。

3. 有明显屈服极限的塑性材料的下屈服极限以_____来表示,而对于没有明显屈服极限的塑性材料,通常以_____来表示其屈服极限。

4. 有效数字计算:$6.118 + 0.214 - 3.69 + 5.3575 =$ _____;$5.25 \times 4.369 \times 2.1 =$ _____。

5. 理论上铸铁压缩破坏的断面法线与轴线的夹角为 $45°$,而实际上往往是略大于 $45°$,其原因主要是_____造成的。

6. 在测量长标距的圆柱拉伸试样直径时,一般需要测量_____次。

二、选择题(请将正确的选项填入括弧。每题 3 分,共 15 分)

1. 圆轴受扭矩 T 的作用,用电阻应变计测出的是(　　)。

A. 剪应变　　　　　　B. 剪应力　　　　　　C. 线应变　　　　　　D. 扭矩

2. 在矩形截面试样上测量弹性模量时,通常在试样的正、反面对称位置上均粘贴电阻应变计,并将它们串联接入电阻应变仪,其目的是(　　)。

A. 消除试样正、反面表面材质不一致的影响

B. 消除试样正、反面变形不一致的影响

C. 减小应变片漂移的影响

D. 互为补偿,消除温度误差

3. 材料扭转实验中,下列关于试样各点应力状态和主应力说法正确的是(　　)。

A. 受扭部分处于纯剪切状态,主应力方向为轴线方向和垂直轴线方向

B. 受扭部分处于纯剪切状态,主应力方向为轴线±45°方向,大小为切应力的 $\sqrt{2}$ 倍

C. 受扭部分处于纯剪切状态,主应力方向为轴线±45°方向,大小和切应力相等

D. 杆件各部分均为纯剪切状态,主应力方向为轴线方向和垂直轴线方向,大小和切应力相等

4. 在测量某材料的断后伸长率时,在标距 $L_0 = 100$ mm 的工作段内每 10 mm 刻一条线,试样受轴向拉伸拉断后,原刻线间距离分别为 10.1 mm、10.3 mm、10.5 mm、

11.0 mm、11.8 mm、13.4 mm、15.0 mm、16.7 mm、14.9 mm、13.5 mm,则该材料的断后伸长率为(　　)。

A. 28.5%　　　　B. 29.6%　　　　C. 31.0%　　　　D. 32.6%

5. 在应变测量中,通常在正式测量之前先使用小载荷对试样反复加载卸载几次,这是为了(　　)。

A. 提高电阻应变计的疲劳寿命　　　　B. 减小电阻应变计的横向效应

C. 减小电阻应变计机械滞后的影响　　D. 减小温度效应的影响

三、实验计算题(20分)

在某材料拉伸实验中,所用引伸计标距 $L_0 = 25$ mm,试样横截面积 $S_0 = 20.0$ mm²。给试样加轴向拉力使其变形(见图中拉伸曲线),计算该材料的非比例伸长应力 $R_{P0.2}$ 和弹性模量 E。

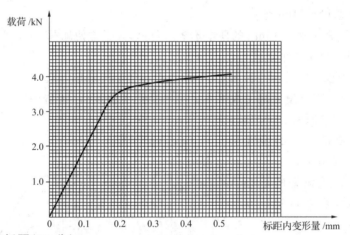

四、实验分析题(20分)

由直径、材质相同的圆截面杆固定连接组成的框架如图所示,所受的两个力 F 左右对称。请设计电阻应变测量方案,并求出其弯矩图与轴力图。

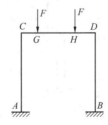

五、实验分析题(25分)

在图(a)所示的弯扭组合应力实验中,在 I—I 截面上的 A、B、C、D 四点处粘贴的电阻应变计如图(c)所示。已知在 F 作用下测量得到的应变为 ε_1、ε_2、ε_3、ε_4、ε_5、ε_6、ε_7、ε_8、ε_9、ε_{10}、ε_{11}、ε_{12}。请分别组桥确定以下各个应变,并说明原因。(1)弯曲所产生的应变;(2)扭转所

产生的应变;(3)剪力所产生的应变。

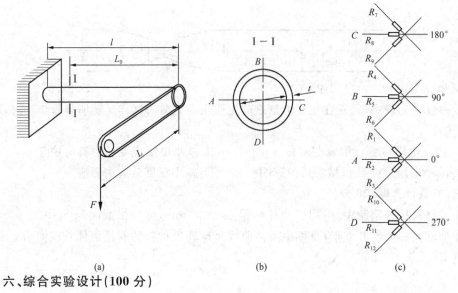

(a)　　　　　　　　　(b)　　　　　　　　　(c)

六、综合实验设计（100 分）

如下图所示壁厚为 0.9 mm 的薄壁不等边角钢,为了方便加载,在其两端焊接两块对称的连接板,板上分布 4 个螺孔可以作为加载点。

假设 C 点为该角钢的形心位置(实际加工中有微小位置偏差)。

请采用电阻应变测量方法完成下述工作并提交实验报告(报告中必须含较为详细的实验过程描述、完整原始数据记录)。

1. 测量该角钢材料的弹性模量和泊松比。（30 分）

2. 若 B 点在该角钢的形心主惯性轴上,试确定 B 点到 C 点的距离。（20 分）

3. 假设 $A-A$ 点加载时所产生的弯曲符合平面弯曲条件,请实验确定该角钢的形心主轴方位。（20 分）

4. 两端沿 D 点拉伸力 $F = 1000$ N 时,比较角钢长边内、外表面 E 处主应力。（30 分）

（判分比重分配:实验方案 40%;实验技能 30%;实验及数据处理 25%;实验报告 5%）

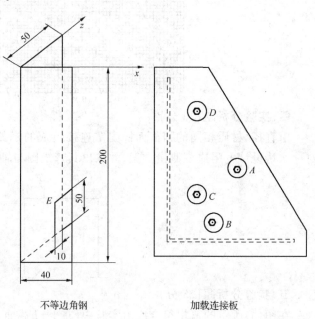

不等边角钢　　　　　　　　　加载连接板